Inhalt

Die Aufgaben in diesem Heft sind mit leicht □, mittel ◩ und schwer ■ gekennzeichnet.

Eine Übersicht über die verwendeten Arbeitsanweisungen (Operatoren) und ihre Bedeutung findest du auf der letzten Seite in diesem Heft.

Grundlagen des Messens

1 Vorsatzzeichen

a ☐ Ergänze die Lücken in der folgenden Tabelle:

Vorsatzzeichen	Vorsatzname	Zahlenwert	Zehnerpotenz
m		$\frac{1}{1000}$	10^{-3}
		1 000 000	10^{6}
			10^{-6}
	Nano		10^{-9}

b ◩ Ordne die Längenangaben zu und schreibe sie mit Vorsatzzeichen in die letzte Spalte.

Zelle	$12{,}74 \cdot 10^{6}$ m	________ Mm
Atom	$53 \cdot 10^{-12}$ m	________
Mittlere Entfernung zwischen Erde und Sonne	$15 \cdot 10^{-6}$ m	________
Mittlerer Durchmesser der Erde	$0{,}1495 \cdot 10^{12}$ m	________

2 Einheiten umwandeln

a ◩ Rechne jeweils in die angegebene Einheit um.

2,6 h = ________________ = ________ s

1,0 h:50 min = ________________ = ________ min

1,5 h = ________________ = ________ min

1,0 h:25 min = ________________ = ________ s

b ◩ Ergänze die Lücken.

8,691 m = ________ mm = 869,1 ________

$57 \cdot 10^{-3}$ m = ________ mm = $57 \cdot 10^{3}$ ________

$1{,}25 \cdot 10^{6}$ mm = 1250 ________ = ________ km

5,6 ms = ________ s

0,045 s = ________ ms

95 ps = ________________ s

3 Längenmessgeräte

☐ Verbinde die folgenden Messungen jeweils mit dem sinnvollsten Längenmessgerät:

Dicke eines Bleches | Länge eines Tisches | Breite einer Postkarte | Weite beim Kugelstoßen

Gliedermaßstab

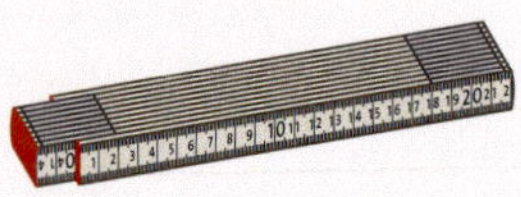

Maßband

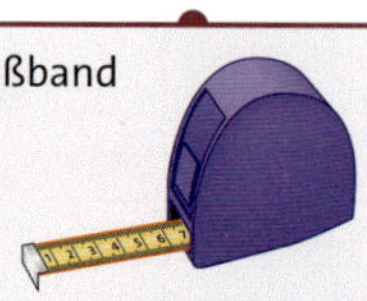

Messschraube

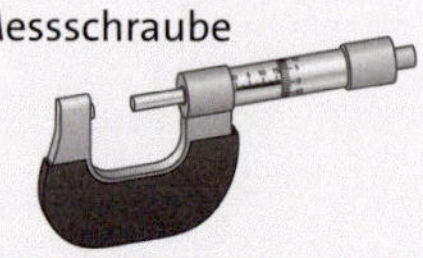

Geodreieck

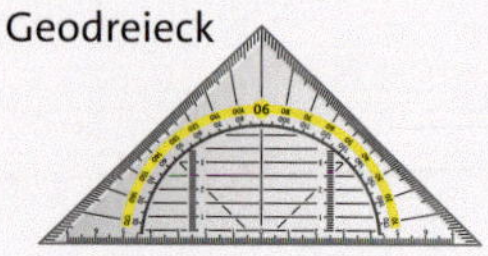

4 Vermessung des Schulhofs

Sechs Schüler haben jeweils die Länge des Schulhofs gemessen:

Schüler	Micha	Aleyna	Mila	Miro	Tina	Toni
l in m	45,345	44,844	46,446	46,543	45,302	45,784

a □ Gib die Messgenauigkeit der Schulhofmessung und das verwendete Messgerät an.

---

b ■ Bewerte die Auswahl des Messgeräts und die Messgenauigkeit kritisch.
Gib ein Messgerät mit einer Messgenauigkeit an, die sinnvoller ist.

---

c ◪ Die Schüler wiederholen ihre Messung mit einem anderen Messgerät und erhalten die folgenden Werte:

Schüler	Micha	Aleyna	Mila	Miro	Tina	Toni
l in m	45,64	45,74	45,73	45,70	45,68	45,70

Gib jeweils die Anzahl der sicheren, unsicheren und sinnvollen Ziffern an.

	Sichere Z.	Unsichere Z.	Sinnvolle Z.
Miro hat eine Länge von 45,70 m gemessen.			
Mila gibt ihren Wert in der Einheit km an: l = 0,045 73 km.			
Toni rechnet seinen Messwert in die Einheit dm um und gibt ihn so an: l = 457 dm.			

d ■ Bewerte Tonis Angabe kritisch und stelle sie richtig.

---

e ◪ Berechne die wahrscheinlichste Länge des Schulhofs.

f ■ Begründe, warum die Angabe $\bar{l}$ = 45,698 m hier physikalisch nicht sinnvoll wäre.

Geschwindigkeit

1 Merksatz

☐ Fülle die Lücken so, dass ein sinnvoller Merksatz entsteht.

Eine Bewegung, bei der in gleichen Zeiten gleiche Strecken zurückgelegt werden, nennt man

____. Die Strecke s ist hierbei ________________

____________________ zur Zeit t.

2 Schrecksekunde

Ein Mann fährt mit seinem Auto auf der Straße. Plötzlich sieht er einen Ball über die Fahrbahn rollen. Ein Kind läuft hinterher. Der Mann tritt sofort das Bremspedal zur Vollbremsung durch. Zwischen dem Beobachten des Vorfalls und dem Treten der Bremse ist jedoch bereits eine sogenannte Schrecksekunde ($t = 1{,}0$ s) vergangen.

◪ Berechne, wie weit das Auto in dieser Schrecksekunde gefahren ist, wenn es eine Geschwindigkeit von $50\,\frac{\text{km}}{\text{h}}$ hatte.

3 Geschwindigkeiten messen

■ Tina und Stefan wollen wissen, welche Durchschnittsgeschwindigkeit sie beim Ausdauerlauf im Fußball haben. Erkläre, wieso beide mit ihrer Methode die Durchschnittsgeschwindigkeit bestimmen können.

Tina: *Ich gebe dir einen Weg von 50 Metern vor und stoppe mit meiner Stoppuhr, wie lange du dafür brauchst.*

Stefan: *Ich lasse dich 2 Minuten laufen und messe dann mit einem Maßband, wie weit du gelaufen bist.*

4 Geschwindigkeiten verstehen

Lydia trainiert auf einem Laufband im Fitnessstudio. Sie hat sich folgende Sachverhalte überlegt. Kreuze an, welche ihrer Aussagen richtig (r) und welche falsch (f) sind.

Aussagen		r	f
1	Wenn ich bei gleicher Geschwindigkeit dreimal so lange laufe, habe ich die dreifache Strecke zurückgelegt.		
2	Wenn ich die doppelte Strecke in gleicher Zeit zurücklege, hat sich meine Geschwindigkeit halbiert.		
3	Wenn ich die halbe Strecke in der halben Zeit zurücklege, ist meine Geschwindigkeit gleich geblieben.		
4	Laufe ich bei halber Geschwindigkeit doppelt so lange, so habe ich dieselbe Strecke zurückgelegt.		

5 Personenförderband

In einem Skigebiet befördert ein „Zauberteppich“ die Skifahrer den Anfängerhang hinauf. Max möchte die Geschwindigkeit des Zauberteppichs bestimmen. Er misst dazu für verschiedene Zeiten *t* die zurückgelegte Strecke *s* und erhält die unten stehenden Messwerte.

a Ermittle die Geschwindigkeit des Zauberteppichs. Werte dazu die Messwerte rechnerisch aus.

t in s	0	1,0	2,0	3,0	4,0	5,0	6,0	7,0	8,0
s in m	0	0,75	1,4	2,2	3,0	3,8	4,5	5,2	6,1
$\frac{s}{t}$ in $\frac{m}{s}$									

b Stelle die zurückgelegten Strecken *s* in Abhängigkeit von der Zeit *t* grafisch dar.

c Formuliere das Versuchsergebnis, das sich aus dem Diagramm ergibt.

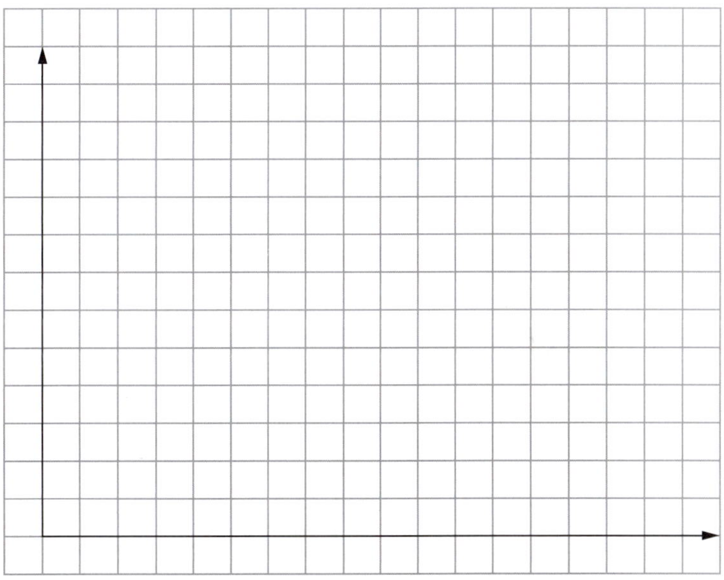

Prüfungsvorbereitung

1 Fadenpendel

Die nebenstehende Grafik zeigt ein Fadenpendel.

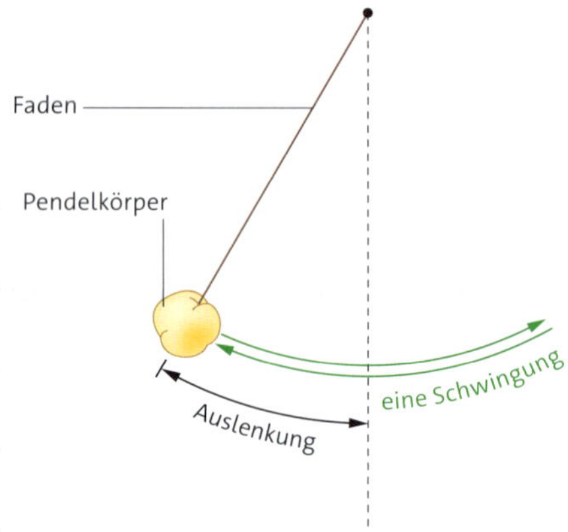

a Gib an, von welchen Größen die Schwingungsdauer abhängt und von welchen nicht.

b Du sollst ein Fadenpendel herstellen, mit dem die Zeit in der Einheit Sekunde gemessen werden kann. Beschreibe, wie du vorgehen musst.

2 Zeitmessung

Begründe, warum sich der gezeigte Vorgang dazu eignet, um die Zeit zu messen.

3 Schneesturm in New York

Bewerte die Angabe der Schneehöhe im nebenstehenden Zeitungsartikel aus physikalischer Sicht.

New York, 12. Januar · Ein heftiger Schneesturm hat der Stadt eine Schneehöhe in Rekordzeit beschert. Im Central Park lag der Schnee 68,33 Zentimeter hoch. Wegen des Blizzards muss-ten ...

4 Durchmesser eines Tennisballs

Der Durchmesser eines Tennisballs wurde 5-mal so genau wie möglich gemessen:

d in cm	6,33	6,35	6,31	6,34	6,39

a Mit welchem Messgerät wurden die Messungen durchgeführt? Begründe deine Angabe.

b Berechne den wahrscheinlichsten Durchmesser des Tennisballs.

c Nenne zwei mögliche Gründe für die unterschiedlichen Messwerte.

5 Längen umrechnen

Gib die jeweilige Längenangabe mit dem in Klammern angegebenen Vorsatzzeichen an.

$l = 0{,}000\,340$ m (µ): ______

$l = 5\,634$ cm (k): ______

$l = 780 \cdot 10^{-9}$ m (n): ______

$l = 0{,}560$ µm (n): ______

6 *t*-*s*-Diagramm

Das Diagramm zeigt den Zusammenhang zwischen zurückgelegter Strecke und Zeit bei einem Spaziergang. Bestimme mithilfe des Diagramms die mittlere Geschwindigkeit *v* des Spaziergängers.

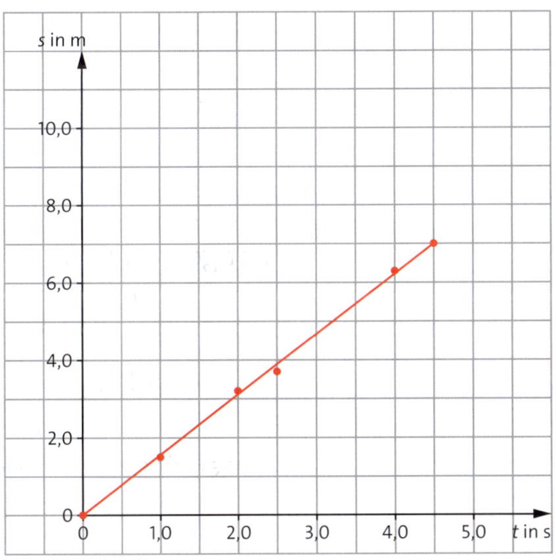

Kraft in der Physik

1 Alltagssprache – Fachsprache

a ☐ Unterstreiche alle Begriffe, die Kräfte im physikalischen Sinne meinen.

Waschkraft • Gravitationskraft • Sehkraft • politische Kraft • Arbeitskraft • Gewichtskraft • beschleunigende Kraft • Fachkraft • Durchsetzungskraft

b ◩ In der Alltagssprache sagt man: *„Thomas hat Kraft."*
Physikalisch gesehen, kann ein Mensch keine Kraft haben.
Er kann Kräfte ausüben, die auf andere Objekte wirken.
Folgende Aussagen sind physikalisch sinnvoll:

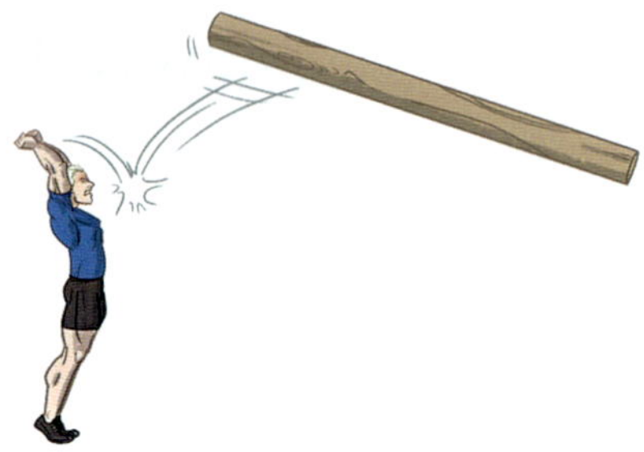

Thomas übt eine Kraft auf den Baumstamm aus.
Die Kraft wirkt auf den Baumstamm: Er wird beschleunigt.

Formuliere physikalisch sinnvolle Aussagen. Halte dabei eine sinnvolle Reihenfolge der auftretenden Kraftwirkungen ein.

Stabhochspringerin (Stab)

Die Stabhochspringerin übt eine Kraft auf den Stab aus.

Die Kraft wirkt auf den Stab: Er wird verformt

Tennisspielerin (Ball)

Die Tennisspielerin übt eine Kraft
Die Kraft wirkt auf den Ball. Der Ball
wird abgebremst verformt beschl.

Torwart (Fussball)

____

____

____

____

2 Die physikalische Größe Kraft

☐ Fülle die Lücken so, dass ein sinnvoller Text entsteht.

Eine Kraft kann man nicht sehen. Man kann sie nur an ihren Wirkungen erkennen. Wirkt eine Kraft auf einen Körper, kann dies beim Körper zu einer Änderung der Richtung führen führen: Er kann abgebremst oder beschleunigt werden oder Richtung ändern. Auch wenn ein Körper vorübergehend oder dauerhaft verformt wird, ist die Ursache hierfür Kraft, die diese Wirkungen hervorbringt.

3 Kraft – eine vektorielle Größe

Zeichne qualitativ Kraftpfeile ein, sodass damit die unterschiedlichen Kraftwirkungen auf den Ast dargestellt werden. Achte dazu jeweils auf Position und Länge des Kraftpfeils.

4 Begriffsnetz

Fülle die folgenden Begriffe in die nebenstehenden Lücken, sodass die Beziehung zwischen den Begriffen deutlich wird:

Erde • Gravitationskraft • Gewichtskraft • Mond • Himmelskörper • Schwere.

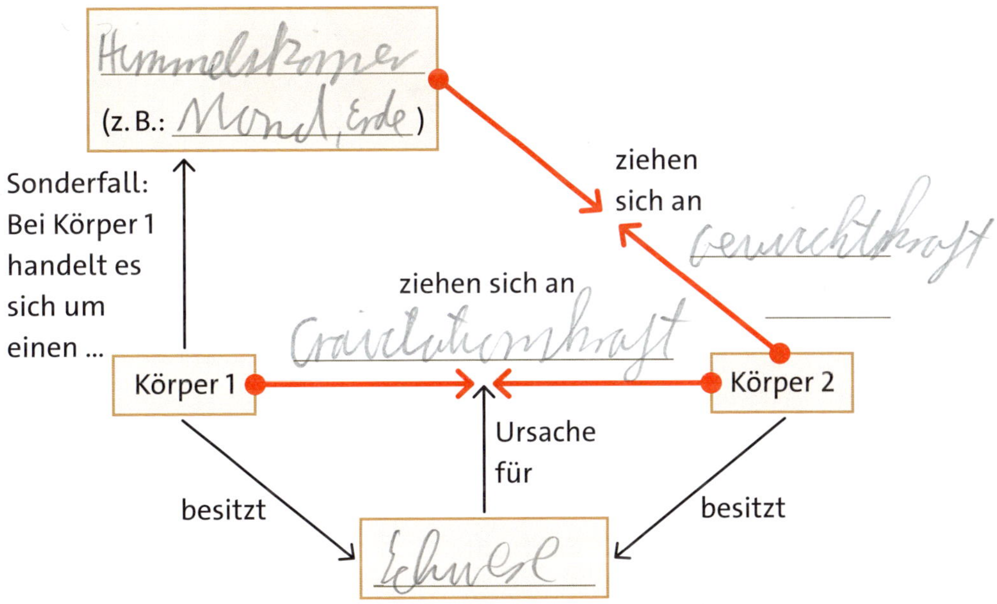

5 Cavendish und die Gravitation

Beschreibe das Experiment von Cavendish mithilfe der Wortliste und der Wörter im Satzbaukasten. Diese Wörter können mehrmals verwendet werden.

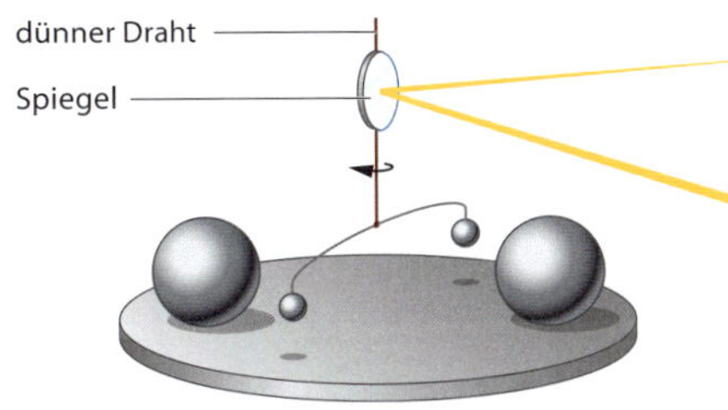

Kugeln • Lichtbündel • Spiegel • Faden • Projektionsfläche

Zuerst	*bringen*	*man*	*den ...*	*klein*	*an*	*die ...*
Dann	*bewegen*	*sich*	*die ...*	*groß*	*zu*	*den ...*
Dabei	*verdrillen*		*der ...*	*nahe*		
Dadurch	*drehen*					

Trägheit und Masse

1 Jeder Körper ist träge

Begründe die gezeigten Vorgänge mit der Trägheit der jeweiligen Körper. Befülle dazu die Textlücken. Zeichne und beschreibe im freien Kästchen eine weitere Situation, die mit Trägheit zu tun hat, und begründe sie.

Wenn eine Person im Freefall-Tower nach unten fällt, ändert sich ihr momentaner ____________________. Die Haare behalten aufgrund ihrer ____________ ihren ursprünglichen ____________________ bei. Der Rest des Körpers bewegt sich deshalb ____________ nach unten.

Wenn sich die Kinder mit dem Karussell im Kreis drehen, ______________________________

Wenn der Fahrradfahrer mit der vorderen Handbremse bremst, ______________________________

2 Bewegung eines Flugzeugs

An einem fliegenden Flugzeug greifen vier Kräfte an.

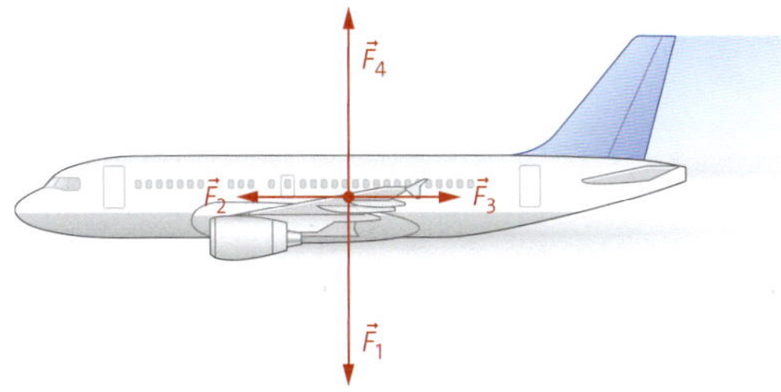

a ☐ Ordne den folgenden Kräften die entsprechende Nummer im Bild zu:

Antriebskraft: $\vec{F}$___ Auftriebskraft: $\vec{F}$___

Gewichtskraft: $\vec{F}$___ Luftwiderstandskraft: $\vec{F}$___

b ◪ Beschreibe die Bewegung des Flugzeugs und begründe diese mit dem Trägheitssatz.

____

____

____

3 Umwandlung von Einheiten

☐ Ergänze die Lücken.

5,6 mg = 0,0056 g

8 691 g = 8,691 kg = 0,008 691 T

1894 mg = 1,894 g = 0,001894 kg

$57 \cdot 10^{-3}$ ___ = 57 kg = $57 \cdot 10^{3}$ ___

300 mg = 0,300 g = ________ $\cdot 10^{-3}$ kg

50 mg = ________ g = $0{,}050 \cdot 10^{\_\_}$ kg = $50 \cdot 10^{\_\_}$ kg

4 Zwei Wagen

Zwei Wagen werden unterschiedlich schwer beladen. Eine Schraubenfeder wird mithilfe von Bremsklötzen zwischen die Wagen gespannt.

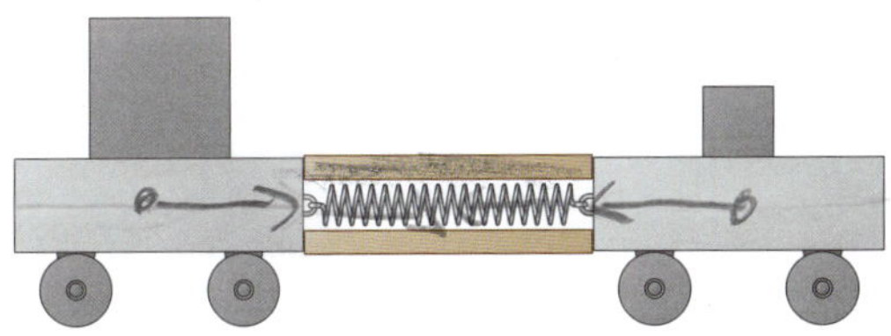

a ◪ Trage in das Bild die Kraftpfeile für die Kräfte ein, die die Feder auf die beiden Wagen ausübt. Was kann über den Betrag der Kräfte ausgesagt werden?

____

b ☐ Kreuze an, was passiert, wenn man die Bremsklötze entfernt.

- ◯ Beide Wagen bewegen sich mit gleicher Geschwindigkeit.
- ◯ Der Wagen mit der größeren Masse bewegt sich mit größerer Geschwindigkeit.
- ⊗ Der Wagen mit der kleineren Masse bewegt sich mit größerer Geschwindigkeit.

c ■ Begründe deine Entscheidung aus Aufgabenteil b.

____

____

____

____

Kraftmessung und Ortsfaktor

1 Größe oder Einheit?

a ☐ Umrande alle Größensymbole in Rot und alle Einheitensymbole in Grün (Dopplungen möglich).

g – F – m – l – s – N – t

b ☐ Benenne alle Größen und Einheiten. t= Zeit

Größen: g: Ortsfaktor; F=Kraft, m=Masse, l=Länge, s=Strecke

Einheiten: g: Gramm; m: Meter; s: Sekunde, N: Newton, t: Tonne

2 Rund um den Federkraftmesser

a ☐ Beschrifte die Bestandteile der Grafik.

b ☑ Beschreibe und begründe die Bedeutung von Bauteil 3.

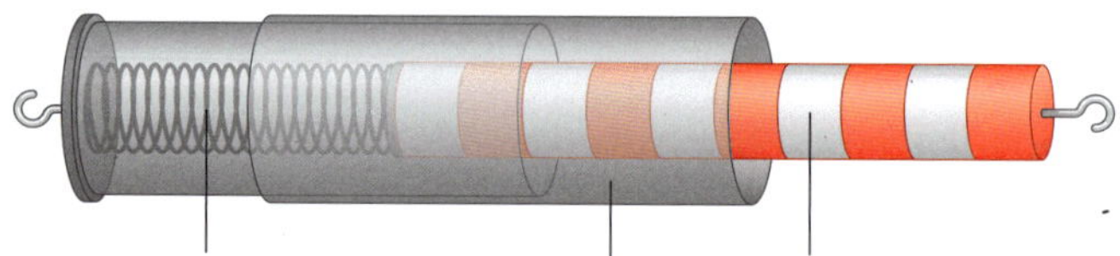

1 __________

2 __________

3 __________

c ☑ Lies den am Kraftmesser angezeigten Wert für den Betrag der Kraft ab. Überlege jedes Mal, wie groß der Betrag der Kraftänderung zwischen zwei Teilstrichen ist.

☐ N

☐ N

☐ N

☐ N

☐ N

☐ N

3 Richtig oder falsch? – Gewichtskraft und Masse

☐ Kreuze jeweils an, ob die Aussage richtig (r) oder falsch (f) ist.

	Aussage	r	f
1	Gewichtskraft und Masse eines Körpers sind gleich.		
2	Die Gewichtskraft eines Körpers auf der Erde beträgt ca. 600 N, wenn der Körper auf der Erde eine Masse von 60 kg besitzt.		
3	Die Quotienten aus Gewichtskraft und Masse verschiedener Körper sind an einem Ort gleich.		
4	Der Quotient aus Gewichtskraft und Masse eines Körpers ist an jedem Ort gleich.		

4 Rechnen

Berechne die fehlenden Werte in der Tabelle. Notiere in den Kästchen jeweils den vollständigen Rechenweg.

F_G	m	g
	65 g	$19{,}81\ \frac{N}{kg}$
491 N	125 kg	
564 kN		$1{,}62\ \frac{N}{kg}$

5 Sätze bilden

Nutze alle Wortfelder, um sinnvolle Definitionen und Aussagen zu formulieren.

Newton *Gewichtskraft* *Körper erfahren* *Kilogramm* *ortsunabhängig*

Waage *Masse* *Schwere* *Kraft* *Federkraftmesser* *Trägheit* *anziehenden*

Körpereigenschaften *Körper besitzen* *Gravitationskraft* *ortsabhängig*

Wechselwirkungskräfte und Kräftegleichgewicht

1 Wechselwirkungskräfte oder Gleichgewichtskräfte?

a ☐ Kreuze an, ob es sich in den folgenden Situationen jeweils um Wechselwirkungskräfte oder Gleichgewichtskräfte handelt, und begründe deine Angabe.

Der Kunststoffstab übt die Kraft $\vec{F}_{Stab}$ auf den Wasserstrahl aus. Der Wasserstrahl übt die Kraft $\vec{F}_{Wasser}$ auf den Kunststoffstab aus.

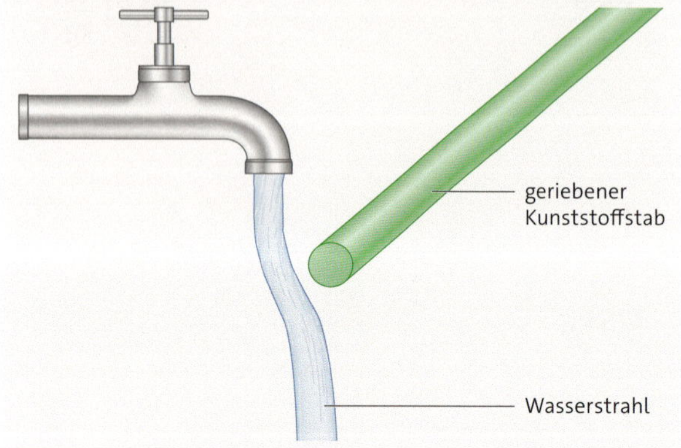

○ Wechselwirkungskräfte

○ Gleichgewichtskräfte

Begründung: ______________________

____

____

Der Stein wird mit gleichbleibender Geschwindigkeit nach oben bewegt. Der Kran übt dabei eine Haltekraft $\vec{F}_{Halte}$ auf den Stein aus. Die Erde übt eine Gewichtskraft $\vec{F}_G$ auf den Stein aus.

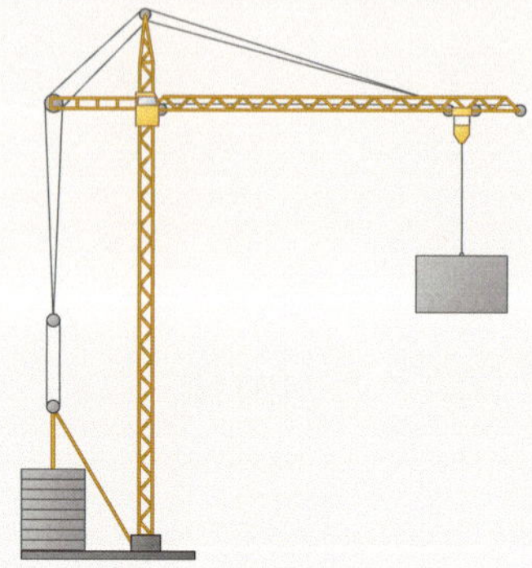

○ Wechselwirkungskräfte

○ Gleichgewichtskräfte

Begründung: ______________________

____

____

b ◪ Zeichne jeweils die beiden Kraftpfeile in die Bilder ein.

2 Kräftegleichgewicht

■ Die gezeigten Körper befinden sich in Ruhe. Ergänze jeweils die zweite Kraft, mit der sich die eingezeichnete Kraft im Gleichgewicht befindet. Befülle die Lücken so, dass hervorgeht, welcher Körper die von dir eingezeichnete Kraft ausübt und an welchem Körper sie angreift.

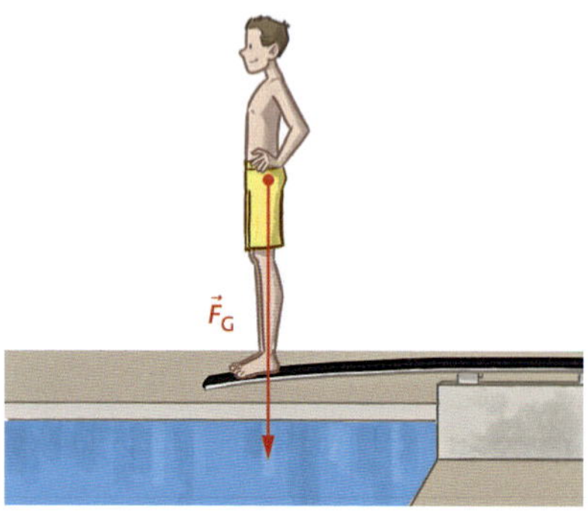

______________________ übt die Kraft aus.

Die Kraft greift an ______________________

an.

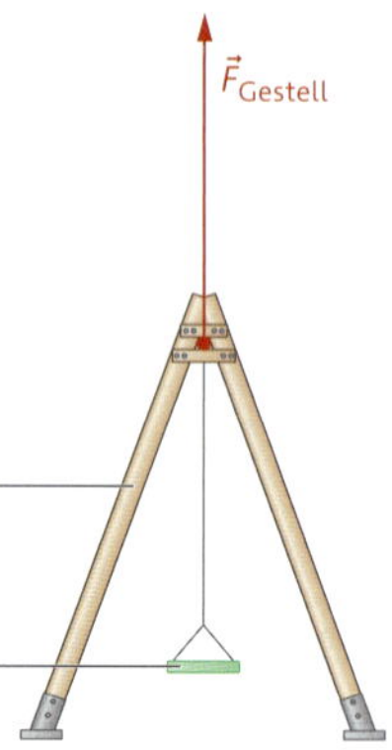

______________________ übt die Kraft aus. Die Kraft greift an ______________________

______________________ an.

3 Wechselwirkungsprinzip

Zeichne die fehlenden Wechselwirkungskräfte ein. Befülle die Lücken im Text so, dass deutlich wird, wodurch sich der jeweilige Körper im Bild bewegt.

__________ übt eine Kraft auf __________ aus, sodass sich diese fortbewegt.

__________ übt eine Kraft auf __________ aus, sodass es abgebremst wird.

4 Federdruckpistole

In einer Federdruckpistole ist eine Schraubenfeder so gespannt, dass sie von links eine Kraft auf eine Kugel ausübt. Der Abzugshebel übt eine Kraft von rechts auf die Kugel aus. Michael hat das Kräftegleichgewicht wie folgt dargestellt:

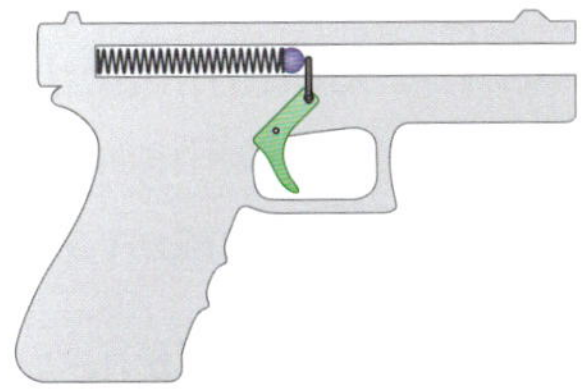

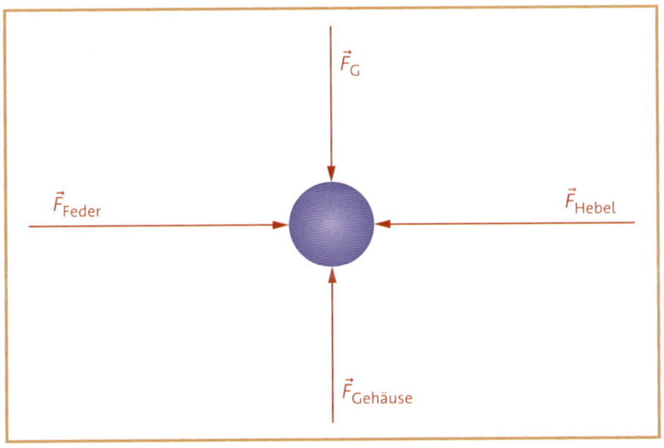

a Beschreibe, was Michael falsch gemacht hat.

____

b Erstelle eine neue Zeichnung, in der die Kräfte richtig eingezeichnet sind.

c Betätigt man den Hebel, fliegt die Kugel heraus. Die Bewegung der Kugel wurde in zwei Phasen unterteilt. Zeichne jeweils qualitativ die Kraftpfeile aller Kräfte ein, die auf die Kugel wirken.

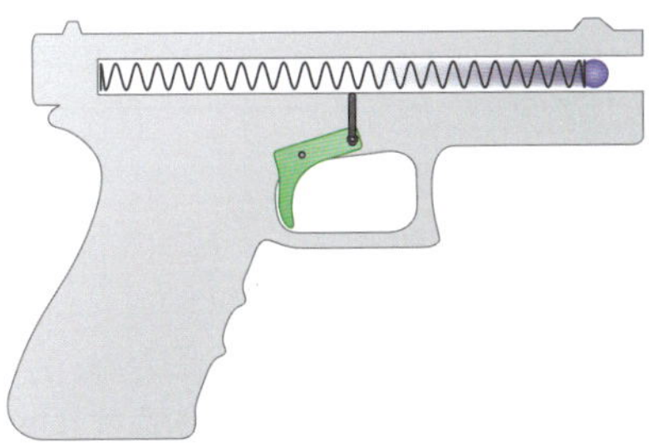

Die Kugel bewegt sich nach rechts und wird immer schneller.

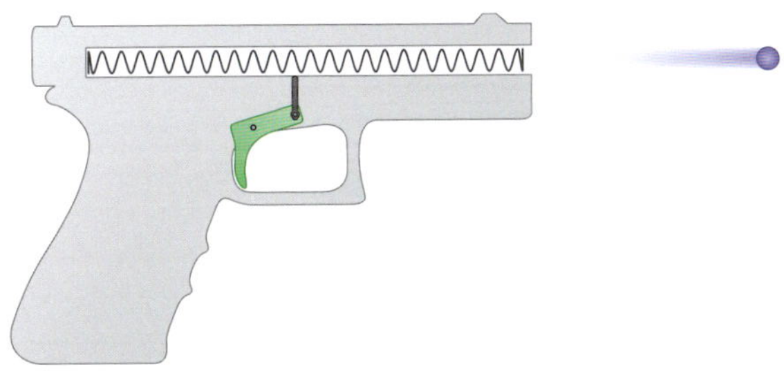

Die Kugel bewegt sich nach rechts und Richtung Boden.

Gesetz von Hooke

1 Verformungen

☐ Fülle die Lücken so, dass ein sinnvoller Text entsteht.

Eine Verformung, bei der ein Körper nach ______________________ wieder in seine urprüngliche ____________ zurückkehrt, nennt man ________________ Verformung. Von einer ________________ Verformung spricht man, wenn ein Körper nach ____________________________ dauerhaft verformt ist. Dabei wird seine ursprüngliche Form ______________.

2 Bungee-Jumping im Kinderzimmer

◩ Anna lässt ihre Puppe einen Bungee-Jumping-Sprung von ihrem Hochbett ausführen. Aus dem Nähkästchen ihrer Mutter nimmt sie ein Gummiband, das sie am Fuß ihrer Puppe befestigt. Das Gummiband ist zu Beginn 0,35 m lang. Nach dem Sprung stellt Anna fest, dass das Gummiband nun länger ist, als es vor dem Sprung war. Gib zwei mögliche Gründe dafür an, indem du die folgenden Sätze vervollständigst:

1. Mögliche Ursache: Das Gummiband war von Anfang an __________ elastischer Körper.
   Deshalb wurde es durch die Krafteinwirkung __________________________.
2. Mögliche Ursache: Durch die _______________________ beim Sprung wurde das Gummiband über seinen _________________________ gedehnt. Deshalb wurde es ______________________.

3 Zerreißprobe

In der Technik werden neu hergestellte Werkstoffe in einer Zerreißprobe auf ihre Belastbarkeit geprüft. Aus dem zu prüfenden Material wird dazu ein Probestab gefertigt. Auf den Stab wird dann eine Kraft ausgeübt, die ihn auseinanderzieht. Diese Kraft wird so lange erhöht, bis der Stab reißt. Ein Computer zeichnet den Zusammenhang zwischen der einwirkenden Kraft und der Längenänderung des Probestabs auf. Für einen Stahlstab ergibt sich das nebenstehende Diagramm.

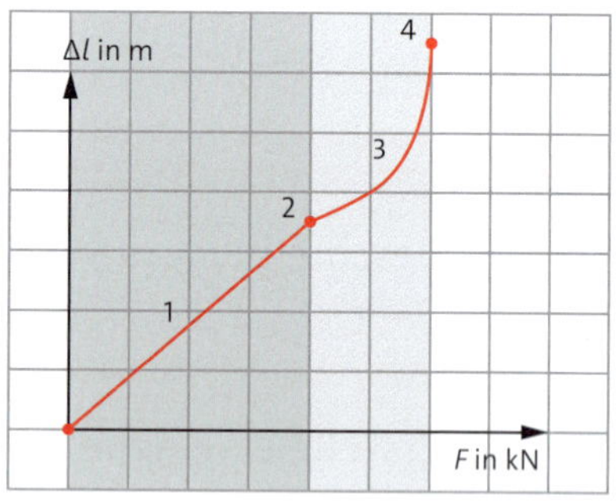

◩ Beschreibe die gekennzeichneten Abschnitte des Diagramms (1–4) unter Verwendung der Fachbegriffe.

1: ____

____

2: ____

3: ____

____

4: ____

4 Kraftmesser

Max will in einem Diagramm den Zusammenhang zwischen der einwirkenden Kraft *F* und der Längenänderung Δl bei einem Kraftmesser darstellen.
Er erhält folgende Messtabelle:

F in N	1,0	4,0	7,0	10,0
Δl in cm	0,5	2,0	3,6	4,9

a Hilf Max und erstelle anhand dieser Messwerte das Diagramm für die verwendete Schraubenfeder.

b Lies im Diagramm ab, um wie viele Zentimeter die Schraubenfeder des Kraftmessers gedehnt wird, wenn die einwirkende Kraft 9,0 N beträgt. Gib die Längenänderung an.

c Bei maximal möglicher Dehnung der Schraubenfeder ragt die Anzeige am Kraftmesser um 6,2 cm heraus. Lies im Diagramm ab, welche größtmögliche Kraft mit diesem Messgerät gemessen werden kann. Gib den Messbereich des Kraftmessers an.

d Max überlegt, an den Kraftmesser ein Massestück zu hängen, das eine Gewichtskraft von $F_G = 18$ N erfährt. Erkläre mit eigenen Worten, wieso du davon abrätst. Verwende dabei folgende Begriffe:
zerstören • Elastizitätsbereich • plastische Verformung.

Prüfungsvorbereitung

1 Sport auf dem Mond

a Seit einigen Jahren gibt es Bestrebungen, einen bemannten Raumflug zum Mars zu unternehmen. Der Mond soll vorläufig als „Trainingsgebiet" für Menschen und Technologien dienen. Recherchiere, warum für einen Langzeitaufenthalt auf dem Mond die Einrichtung einer Art von Fitnessstudio erforderlich ist.

b Im Alltag wird häufig vom „Gewicht" eines Gegenstandes gesprochen. Gib an, welche zwei Größen mit diesem Begriff in der Physik gemeint sein können.

c Auf der Erde trainieren Menschen häufig an Fitnessgeräten, an denen sie „Gewichte" hochheben. Beschreibe, was an einem solchen Gerät anders sein müsste, wenn es auf dem Mond eingesetzt und bei gleicher Trainingsdauer derselbe Trainingseffekt wie auf der Erde erreicht werden soll.

d Beim Kugelstoßen der Männer werden Kugeln mit der Masse 7,257 kg verwendet. Berechne die Gewichtskraft, die eine solche Kugel auf der Erde bzw. auf dem Mond erfährt.

e Wenn man einen Ball auf dem Mond fängt, braucht man zum Abbremsen des Balls die gleiche Kraft wie auf der Erde, wenn er in beiden Fällen die gleiche Geschwindigkeit hat. Begründe dies.

2 Sicherheitseinrichtungen im Auto

Das Bild zeigt eine gefährliche Situation im Straßenverehr: Ein Auto A fährt auf ein stehendes Auto B auf.

a ■ Begründe jeweils mithilfe des Trägheitssatzes, warum die Situation für die Insassen in Auto A und B gefährlich ist.

Auto A: ______________________________

____

____

____

Auto B: ______________________________

____

____

____

b □ Nenne jeweils die Sicherheitseinrichtungen, mit denen sich die Autoinsassen vor den negativen Folgen der Trägheit schützen können.

Auto A: ______________ Auto B: ______________

3 Kräfte beim Radfahren

An Alina greifen beim Radfahren vier Kräfte an.

a □ Ordne die Kräfte mithilfe der Abbildung zu:

Gewichtskraft von Alina	F_1
Antriebskraft	F_2
Kraft, die die Straße ausübt	F_3
Reibungskraft	F_4

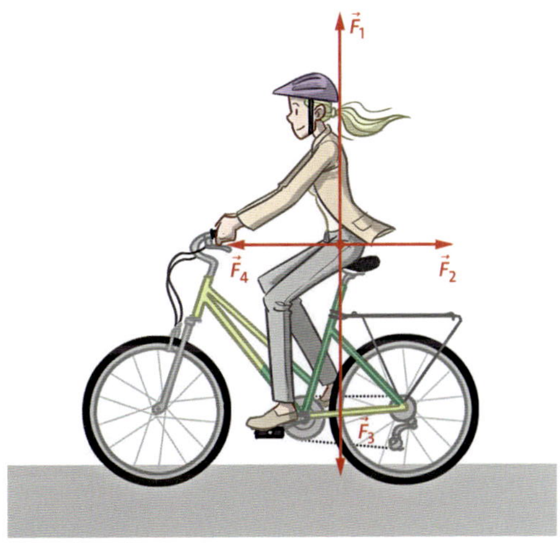

b ◩ Zeichne die Kraftpfeile der Antriebs- und Reibungskraft erneut so ein, dass sich ihre Angriffspunkte dort befinden, wo sie tatsächlich angreifen. (Es gibt zwei Möglichkeiten.)

c ◩ Beschreibe die Bewegung, die Alina ausführt, und begründe deine Aussage.

____

____

d ■ Beschreibe die Bewegung, wenn der Betrag der Kraft $\vec{F}_2$ größer als der von $\vec{F}_4$ wäre.

____

Aggregatzustände und Teilchenmodell

1 Aggregatzustände von Wasser

□ Befülle das Schaubild und die Tabelle mit den folgenden Begriffen:

Abkühlen (2×) • Erwärmen (2×) • fest • gasförmig • flüssig • 0 °C bis 100 °C • keine Form • kaum veränderbar • Erstarren • Schmelzen • kleiner als 0 °C • leicht veränderbar • nicht veränderbar • veränderbare Form • Verdampfen • feste Form • Kondensieren • größer als 100 °C.

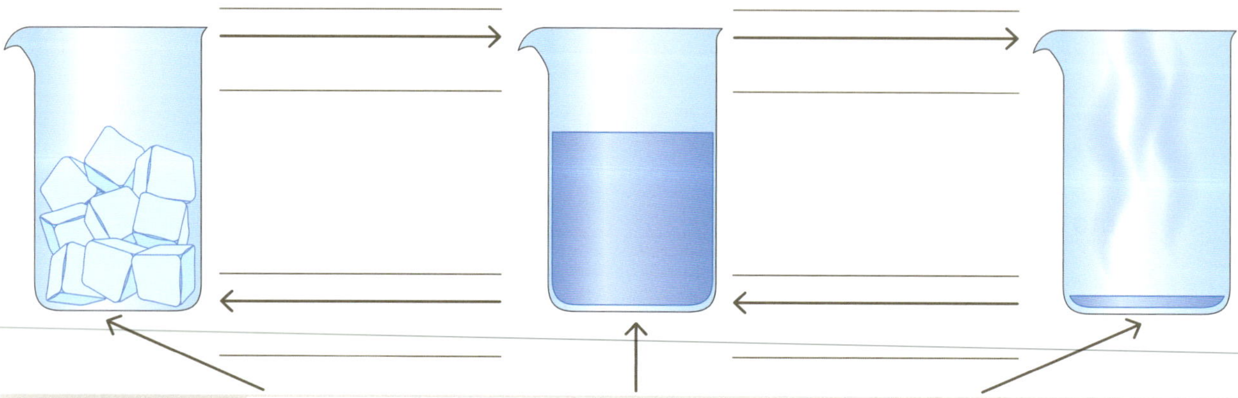

Aggregatzustand			
Volumen			
Form			
Temperatur			

2 Aussagen korrigieren

■ Die folgenden Aussagen sind falsch. Unterstreiche jeweils die Satzteile, die falsch sind. Schreibe den Satz dann so um, dass die Aussage richtig wird.

Je höher die Temperatur eines Körpers ist, desto größer ist die Temperatur seiner Teilchen.

Wenn Zucker in Wasser aufgelöst wird, werden die Zuckerteilchen flüssig.

Zwischen den Eisenteilchen eines Eisennagels befindet sich Luft.

3 Auflösung

Zwei Stücke Kandiszucker wurden zeitgleich jeweils in ein Becherglas mit Wasser gegeben. Die Temperatur des Wassers im rechten Glas war höher als im linken Glas.

nach 3 min

nach 10 min

nach 35 min

a □ Beschreibe die Beobachtung mithilfe der Bilder.

b ◩ Ergänze die Lücken so, dass der Text die Beobachtung im Teilchenmodell erklärt.

Kandiszucker und Wasser bestehen aus unterschiedlichen, aber unter sich gleichen ______. Die ______ sind in ständiger ______ und ändern andauernd ihren ______. Dadurch lösen sie die ______ aus dem Kandisblock heraus. Diese ______ sich zwischen den ______. Die Vorgänge laufen im Wasser mit der ______ Temperatur schneller ab, weil sich dort die Teilchen ______

4 Teilchenmodell

a ◩ Wenn man Parfüm an eine Stelle träufelt, dann ist es nach einer Zeit im ganzen Raum zu riechen. Erkläre dieses Phänomen mithilfe des Teilchenmodells.

b ◩ Wenn du Wasser in ein Gefäß gibst, passt es sich der Gefäßform an. Ein Stück Holz macht das nicht. Erkläre die Beobachtung im Teilchenmodell.

c ■ Erkläre an einem Beispiel, warum das Teilchenmodell Grenzen hat.

Reibung

1 **Reibung am Fahrrad**

Beim Fahrradfahren tritt an verschiedenen Stellen Reibung auf.

a Ordne zu, welche Reibungsart an den Stellen 1–6 jeweils vorliegt.

1. Reibung zwischen Händen und Lenker
2. Reibung in den Lagern der Räder
3. Reibung zwischen Füßen und Pedalen
4. Reibung zwischen Kette und Zahnrädern
5. Reibung zwischen Bremsklotz und Reifenfelge
6. Reibung zwischen Reifen und Fahrbahn

Haftreibung

Gleitreibung

Rollreibung

b ☐ Welche der aufgelisteten Reibungen sind ausschließlich erwünscht? Umrande ihre Nummern.

c Nenne Maßnahmen, wie man die unerwünschten Reibungen jeweils verringern kann.

2 Beschaffenheiten der Fahrbahn

a ☐ Ein Fahrradfahrer bremst sein Rad auf verschiedenen Fahrbahndecken.
Ordne den Bremswegen jeweils die verschiedenen Fahrbahndecken zu.

Beton, trocken

Beton, nass

Schnee

Eis

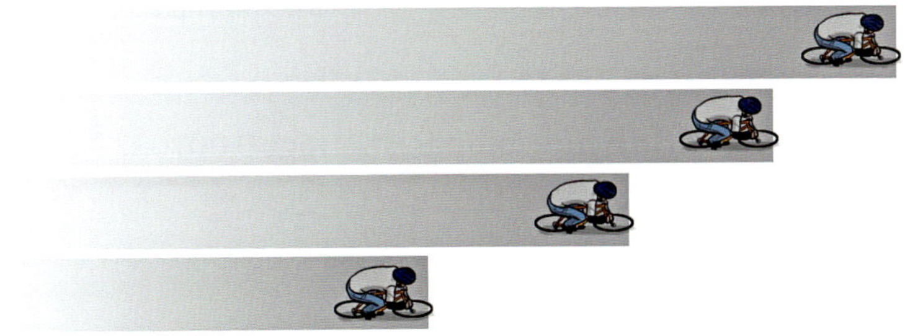

b ■ Bei nasser Fahrbahn bremst man besser, wenn man eine „Stotterbremsung" durchführt. Dabei wird mehrmals kurzzeitig die Bremse gedrückt, statt die Räder dauerhaft zu blockieren. Beim Auto wird dieser Effekt durch das Antiblockiersystem ABS erzielt. Erkläre, warum diese Bremsweise besser ist, indem du die Satzteile richtig aneinanderreihst.

so treten bei jedem Bremsen | *kurzzeitig Haftreibungskräfte auf.*

Dabei treten Gleitreibungskräfte auf. | *die Räder dauerhaft.*

sind als Gleitreibungskräfte, | *Wirkt eine Kraft auf die Bremse,*

Da Haftreibungskräfte betragsmäßig größer | *Führt man eine Stotterbremsung durch,*

so blockieren auf nasser Fahrbahn | *wird das Rad so besser abgebremst.*

____

____

____

____

____

____

3 Modellvorstellung zur Reibung

◪ Fülle die Lücken, so dass die Entstehung von Reibung erklärt wird.

Die ____________________ von Körpern sind nie vollkommen __________.

Oberflächenunebenheiten ______________ sich ineinander. Zudem wirken an den

Kontaktstellen ______________ den beiden Körpern ____________________.

Diese Adhäsionskräfte wirken zwischen den ____________ der beiden Körper, wenn sich diese

________________. Aus ________________________ und ____________________

ergeben sich die Reibungskräfte.

Dichte und Volumen

1 Dichteangaben

a ☐ Die Dichte eines Diamanten beträgt $\rho_{Diamant} = 3{,}51\,\frac{g}{cm^3}$. Deute diese Angabe.

____

b ◩ Die Dichte von Vollmilch beträgt $0{,}001032\,\frac{t}{l}$ bei 20 °C. Gib den Wert der Dichte in der Einheit $\frac{g}{cm^3}$ an.

2 Flüssigkeiten schichten

Je 10 ml der Flüssigkeiten Wasser, Alkohol, Öl, Spiritus, Glycerin und Sirup wurden in einen Messzylinder gefüllt. Nach kurzer Zeit schichten sie sich übereinander auf.

Dichte in $\frac{g}{cm^3}$ bei 20 °C	
Alkohol	0,791
Glycerin	1,26
Öl	0,81
Sirup	1,27
Spiritus	0,83
Wasser	0,998

a ☐ Beschrifte die Schichten im Zylinder mit den Flüssigkeiten in der richtigen Reihenfolge.

b ☐ Begründe deine Antwort, indem du die folgenden Sätze sinnvoll vervollständigst:

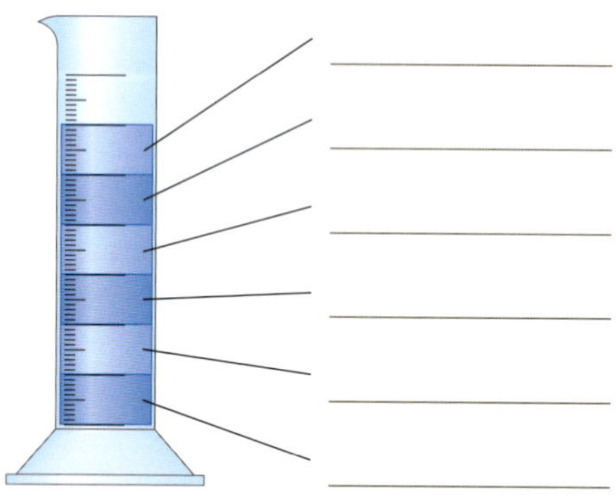

Bei gleichem ____________ hat derjenige Stoff die geringere Masse, der die ____________ Dichte hat.

Dieser Stoff ____________ jeweils nach ____________.

Ganz unten im Messzylinder befindet sich der Stoff mit der ____________.

3 Material bestimmen

Eine Billardkugel hat ein Volumen von 122 cm³ und eine Masse von 210 g.

◩ Ermittle den Stoff, aus dem die Billardkugel hergestellt ist.

Dichte in $\frac{g}{cm^3}$ bei 20 °C	
Phenolharz	1,72
Polyacetal	1,41
Polyamid	1,14
Silicon	1,65
Teflon	2,2

4 Masse berechnen

■ Ein Goldbarren hat ein Volumen von 0,052 l und eine Dichte von $\rho = 19{,}3\,\frac{g}{cm^3}$.
Berechne die Masse des Goldbarrens.

5 Volumen berechnen

◪ Tim hat bei der Berechnung des Volumens eines Flaschenkorkens folgende Rechnung durchgeführt. Dabei sind ihm ein paar Fehler unterlaufen. Finde diese und korrigiere sie.

1. Geg.: 4,88 g; $0{,}24\,\frac{g}{cm^3}$; Ges.: V

2. Umformen nach V:

$$\rho = \frac{m}{V} \quad | \cdot \rho$$

$$\rho \cdot V = m \quad | : V$$

$$V = \frac{m}{\rho}$$

3. Einsetzen:

$$\Leftrightarrow V = \frac{4{,}88}{0{,}24\,\frac{g}{cm^3}}$$

4. Ergebnis:

$$\Leftrightarrow V = 20{,}333\,333\,33$$

5. Antwortsatz: Ein Flaschenkorken mit einem Gewicht von 4,88 g hat ein Volumen von 20,333 333 33 cm³.

6 Dichte – richtig oder falsch?

◪ Kreuze an, ob folgende Aussagen richtig (r) oder falsch (f) sind:

	Aussagen	r	f
1	1 kg Blei hat eine größere Masse als 1 kg Federn.		
2	Bei gleicher Masse hat derjenige Körper das größere Volumen, der die kleinere Dichte hat.		
3	Bei gleichem Volumen hat derjenige Körper die kleinere Dichte, der eine geringere Masse hat.		
4	Zwei Körper haben die gleiche Masse, wenn sie dasselbe Volumen haben.		
5	1 cm³ Federn hat eine kleinere Masse als 1 cm³ Blei.		

Prüfungsvorbereitung

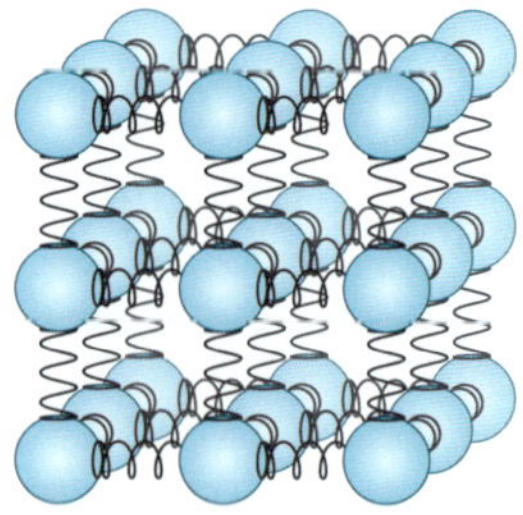

1 Modell eines Aggregatzustands

Im nebenstehenden Bild ist ein Modell für einen bestimmten Aggregatzustand abgebildet.

a ◩ Benenne den Aggregatzustand. Begründe deine Antwort.

b ◩ Gib an, warum der Hersteller des Modells Schraubenfedern zwischen die Kugeln eingebaut hat.

2 Teilchenmodell – richtig oder falsch?

a ☐ Kreuze an, ob folgende Aussagen richtig (r) oder falsch (f) sind:

	Aussage	r	f
1	Teilchen, die sich schneller bewegen, haben eine höhere Temperatur.		
2	In Flüssigkeiten sind die Kräfte zwischen den Teilchen kleiner als bei Festkörpern.		
3	Teilchen haben keine Farbe und keine Temperatur.		
4	In Festkörpern bewegen sich die Teilchen nicht.		

b ◩ Schreibe die falschen Aussagen so um, dass richtige entstehen.

3 Verdampfen

a ◩ Kreuze an, wie der Satz richtig weitergehen muss.
Wenn 1 Liter Wasser bei alltäglichen Bedingungen vollständig verdampft, ...

- ◯ nimmt der Wasserdampf ebenfalls ein Volumen von 1 Liter ein.
- ◯ nimmt der Wasserdampf einen kleineren Raum ein.
- ◯ nimmt der Wasserdampf einen größeren Raum ein.

b ■ Erkläre dies mit dem Teilchenmodell.

4 Reibungsarten

☐ Benenne die verschiedenen Arten von Reibung und ordne sie der Größe nach. Verwende hierzu das Symbol „>“.

____

5 Reibung und Kraftpfeile

Ein Holzklotz wird mit einer Schnur mit konstanter Geschwindigkeit über eine Oberfläche gezogen.

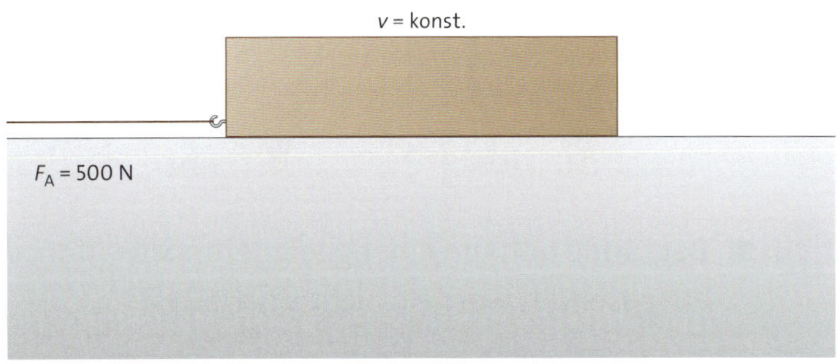

a ☐ Trage in das Bild mithilfe von Kraftpfeilen die Antriebskraft $\vec{F}_A$, die Anpresskraft $\vec{F}_{An}$ und die Reibungskraft $\vec{F}_R$ ein.

b ☐ Gib den Betrag der Reibungskraft F_R an.

____

6 Reibung beim Skateboard

a ☐ Beim Skateboardfahrer im Bild treten verschiedene Reibungsarten auf. Die Stellen, an denen Reibung auftritt, sind mit den Ziffern 1, 2, 3 und 4 markiert.

b ☐ Nenne jeweils die Reibungsart und die Stelle, wo sie auftritt.

① ______________ zwischen Rädern und Fahrbahn

② ______________________________

③ ______________________________

④ ______________________________

c ☐ Welche Reibung ist ausschließlich erwünscht? Umrande die Nummer.

d ☐ Fülle die Lücken so, dass beschrieben wird, wie erwünschte Reibung vergrößert und unerwünschte Reibung verkleinert wird.

Die erwünschte Reibung ist groß, wenn die ________________ von ______________, Schuhsohle und Skateboard ________ und ____________ sind. Die unerwünschte Reibung kann verkleinert werden, indem man ______________________________.

Licht und Schatten

1 Sehvorgang

a □ Kreuze das Bild an, indem der Sehvorgang richtig dargestellt ist.

b ■ Begründe anhand einer geeigneten Situation, warum die Vorstellung, dass vom Auge Sehstrahlen ausgesendet werden, nicht sinnvoll ist.

____

____

____

2 Lichtgeschwindigkeit

◩ Ein Schiff sendet ein Lichtsignal aus. Entscheide, ob es zuerst bei einem 15 000 m entfernten U-Boot oder bei einem 15 000 m entfernten Flugzeug ankommt. Nimm an, das Licht könnte in Wasser eine so große Entfernung zurücklegen. Begründe deine Antwort.

____

____

3 Straßenlaterne

Eine Mauer steht zwischen einem dreistöckigen Haus und einer Straßenlaterne.

a ◩ Ermittle durch Einzeichnen geeigneter Lichtstrahlen, welche der Fenster A, B und C von der Laterne beleuchtet werden, und vervollständige den Text.

Die Laterne beleuchtet Fenster

A __________, Fenster B __________

und Fenster C __________.

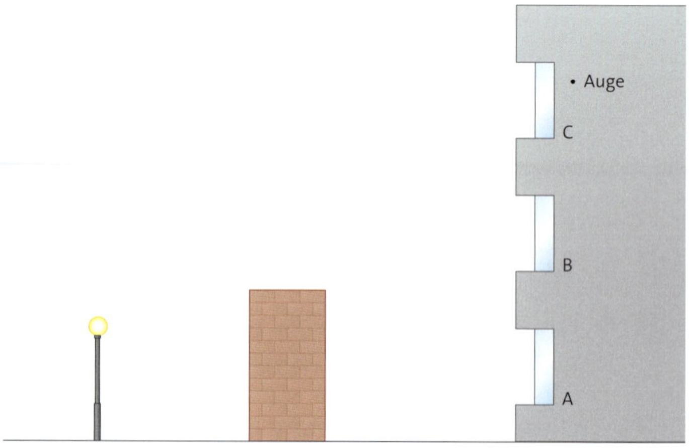

b ◩ Jana steht vor Fenster C und blickt auf die Laterne. Ihr Auge ist eingezeichnet. Ermittle, ob sie die Laterne vollständig bis zum Boden sehen kann.

____

____

4 Viele Schatten

Der Körper im nebenstehendem Bild wird von mehreren punktförmigen Lichtquellen beleuchtet.

a ☑ Ermittle durch geeignete Konstruktion Anzahl und Positionen der Lichtquellen.

b ☑ Begründe, warum die Bereiche unterschiedlich hell erscheinen.

____

____

____

____

____

5 Nachtwanderung

Marie, Aisha und Marcel befinden sich bei einer Nachtwanderung in der Nähe eines großen Busches, als das Licht der Taschenlampen von Leo und Tine in ihre Richtung leuchtet.

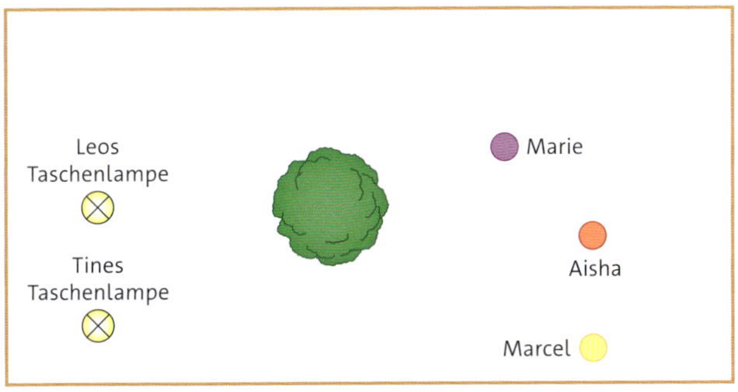

☑ Ergänze die Zeichnung, um die Lücken in folgender Aussage zu füllen:

__________ wird von allen dreien am stärksten beleuchtet und __________ am wenigsten.

6 Sonne, Mond und Erde

Das nebenstehende Bild zeigt eine bestimmte Konstellation von Erde, Mond und Sonne.

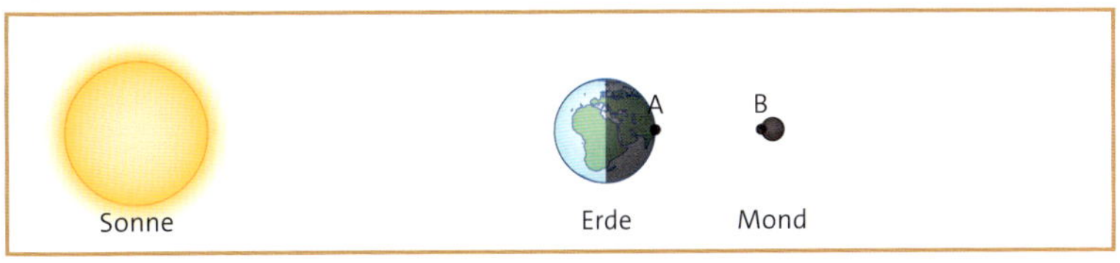

a ☐ Benenne die Beobachtung, die ein Bewohner auf der Erde im Punkt A macht.

____

b ☑ Ergänze in der Grafik geeignete Lichtstrahlen, um die Beobachtung zu erklären. Gib die Bezeichnungen der verschiedenen Schattenbereiche an.

c ☑ Erkläre die Beobachtung mit den entsprechenden Fachbegriffen.

____

____

____

d ☐ Gib an, was ein Astronaut beobachtet, der sich im Punkt B auf dem Mond befindet.

____

____

Reflexion und Spiegelbild

1 Reflexion von Licht

☐ Verbinde die Satzhälften miteinander so, dass richtige Aussagen entstehen.

1. Trifft Licht auf die Oberfläche eines Körpers, ...
2. Wenn die Oberfläche sehr glatt ist, ...
3. Bei der Reflexion von Licht ...
4. Einfallender Lichtstrahl und reflektierter Lichtstrahl ...
5. Die Ebene, die den einfallenden und den reflektierten Lichtstrahl enthält, ...

- ... erfolgt die Streuung in genau eine Richtung. (I)
- ... steht senkrecht auf der reflektierenden Oberfläche. (T)
- ... wird es dort in alle Richtungen gestreut. (L)
- ... liegen in einer gemeinsamen Ebene. (H)
- ... gilt das Reflexionsgesetz. (C)

Lösungswort:

1	2	3	4	5

2 Fernlicht und Abblendlicht

a Lara und Achmed fahren bei dichtem Nebel über eine Straße. Bringe die Satzbausteine in die richtige Reihenfolge und finde heraus, wer recht hat.

Licht von der Umgebung
gelangt in das Auge des Fahrers.
trifft auf die Wassertröpfchen des Nebels
hinter den Wassertröpfchen
Das Licht der Scheinwerfer
gelangt nicht in das Auge des Fahrers.
Das an den Wassertröpfchen gestreute Licht
und wird in alle Richtungen gestreut.

____

____

____

____

Wer hat recht? ______________

b Mit dem Abblendlicht soll gewährleistet werden, dass der Gegenverkehr nicht geblendet wird. Fährt man auf nasser Fahrbahn, kann jedoch auch das Abblendlicht entgegenkommende Fahrer blenden.

Ergänze in der Zeichnung den weiteren Lichtweg und schraffiere den Bereich, in dem man geblendet wird.

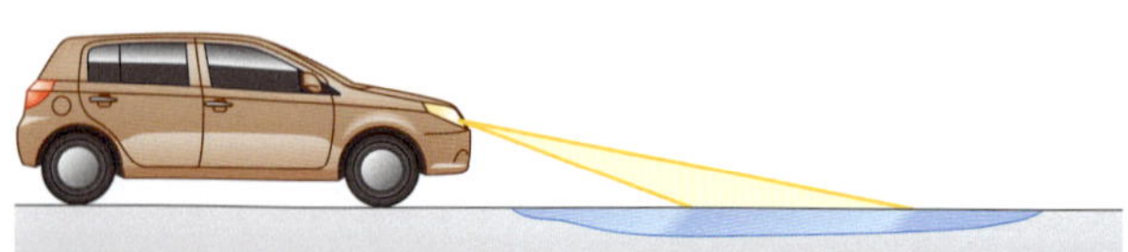

3 Spieglein, Spieglein …

a ☐ Markiere das Bild, welches das Spiegelbild richtig wiedergibt.

b ◩ Beschreibe, was an den anderen Spiegelbildern nicht stimmt.

4 Parabolspiegel

In Scheinwerfern befinden sich Parabolspiegel. Im Bild ist der Lichtweg eines Lichtstrahls gezeichnet, der von der punktförmigen Lichtquelle auf den Spiegel trifft.

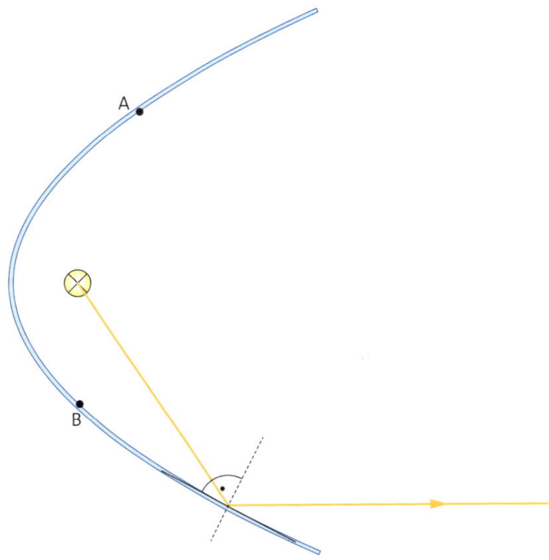

a ◩ Konstruiere die beiden Lichtstrahlen, die an den Stellen A und B auf den Spiegel treffen.

b ☐ Beschreibe die Art des Lichtbündels, das der Parabolspiegel aussendet.

5 Toter Winkel

Beim Blick in den Außenspiegel kann der Fahrer nur einen Ausschnitt der Umgebung hinter sich sehen. Es entstehen dabei sogenannte tote Winkel.

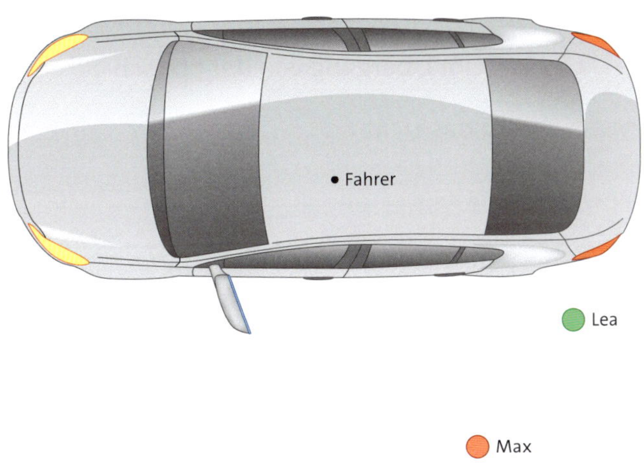

■ Zeige, dass der Fahrer Lea im Spiegel sehen kann, Max jedoch nicht.

Tipp: Ermittelt den Bereich, den der Fahrer durch den Spiegel sehen kann. Konstruiere dazu die Lichtstrahlen, die auf die äußersten Kanten des Spiegels treffen und ins Auge des Fahrers reflektiert werden.

Brechung und Totalreflexion

1 Fachbegriffe

☐ Ergänze die fehlenden Fachbegriffe im folgenden Lehrbuchtext:

Unter Lichtbrechung versteht man die Eigenschaft des Lichts, beim Auftreffen auf die ____________ zweier optischer Medien die ____________ zu ändern. Zur Beschreibung der Ablenkung des Lichtstrahls misst man den ____________ zwischen Lichtstrahl und ____________. Den Winkel zwischen einfallendem Lichtstrahl und ____________ nennt man ____________. Den Winkel zwischen dem abgelenkten Lichtstrahl und dem ____________ nennt man ____________.

Verschiedene optische Medien unterscheiden sich in ihrer ____________. Trifft das Licht von einem optisch ____________ in ein optisch ____________ Medium, dann wird es zum Einfallslot hin gebrochen. Die Ursache für die Lichtbrechung ist die unterschiedliche ____________ in verschiedenen optischen Medien. Im optisch dichteren Medium ist die ____________ ____________ als im optisch dünneren Medium.

2 Lichtbrechung

a ◪ Ergänze jeweils qualitativ den Verlauf des Lichtstrahls.

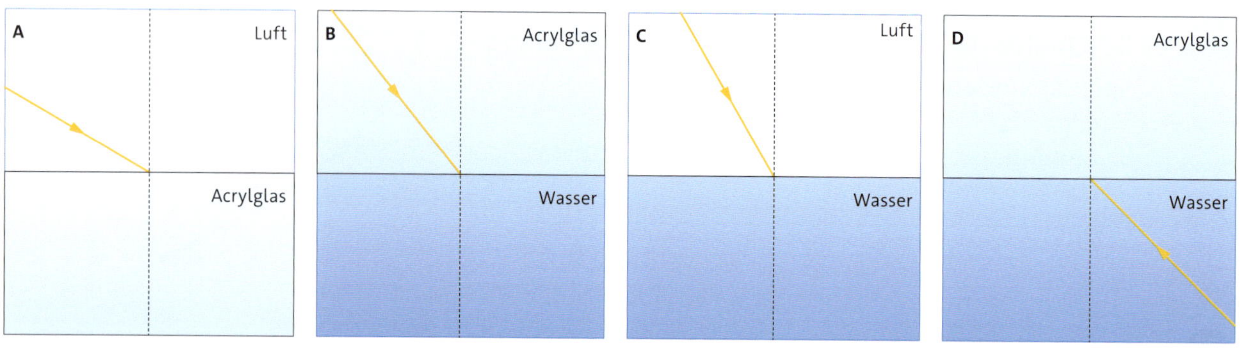

b ◪ Begründe jeweils den Verlauf des Lichtstrahls.

A: Beim Übergang von der optisch ____________ Luft in das optisch ____________ Acrylglas wird das Licht ____________ gebrochen.

B: ____

____

C: ____

____

D: ____

____

3 Zwei Taucher

Zwei Taucher A und B leuchten nachts mit einer Lampe auf den Punkt P auf der Wasseroberfläche. Nur das Lichtbündel einer Taschenlampe tritt aus dem Wasser aus.

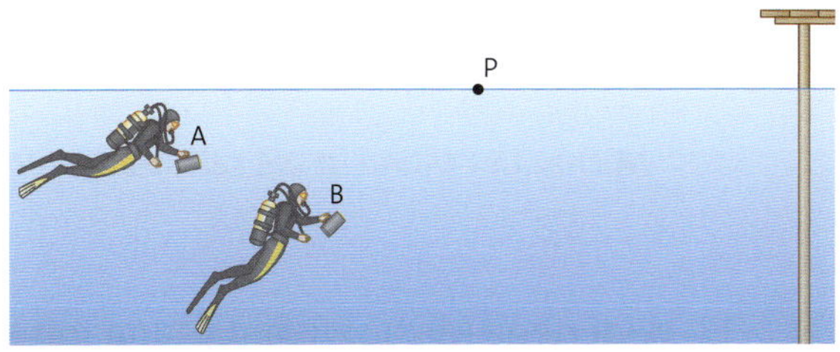

a ☐ Zeichne jeweils qualitativ den Lichtweg in das Bild ein. Nutze verschiedene Farben für A und B.

b ◩ Beschreibe den Lichtweg jeweils mit den Fachbegriffen.

A: ______________________________

B: ______________________________

4 Zaubertrick

Ein Zauberer befestigt einen Plastikfisch auf dem Boden einer undurchsichtigen Tasse und fordert einen Zuschauer auf, so in die Tasse zu schauen, dass er den Fisch gerade nicht mehr sieht. Der Zuschauer soll dann seine Position nicht mehr ändern, während die Tasse mit Wasser gefüllt wird.

a ☐ Beschreibe, worüber der Zuschauer staunen wird.

____

____

b ■ Ergänze das Bild, um den Trick zu erklären. Zeichne in verschiedenen Farben den tatsächlichen und den scheinbaren Lichtweg vom Fisch in das Auge des Beobachters ein.

5 Doppelter Lichtübergang

a ■ Ergänze den weiteren Lichtweg im nebenstehenden Bild. Benenne die Winkel im ersten Übergang mit ε_1 (Einfallswinkel) und β_1 (Brechungswinkel) und im zweiten Übergang mit ε_2 und β_2.

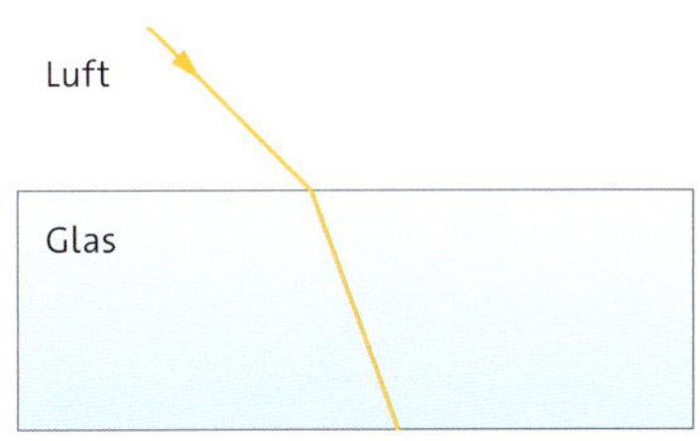

b ◩ Kreuze die zutreffenden Beziehungen an:

◯ $\varepsilon_1 = \varepsilon_2$; $\beta_1 = \beta_2$ ◯ $\varepsilon_1 = \beta_2$; $\varepsilon_2 = \beta_1$

◯ $\varepsilon_1 = \beta_2$; $\varepsilon_2 = \beta_1$ ◯ $\varepsilon_1 = \varepsilon_2 = \beta_1 = \beta_2$

6 Blackbox

Im Inneren des gezeichneten Kastens befindet sich ein geradlinig begrenzter Glaskörper, der das Licht in der gezeichneten Weise ablenkt.

■ Zeichne den Glaskörper ein und ergänze den Lichtweg.

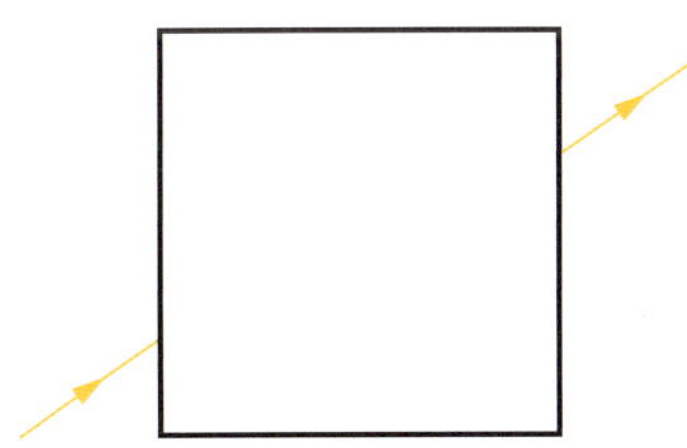

Prüfungsvorbereitung

1 Mond

Micha: *Der Mond ist ein selbstleuchtender Körper.*

a ◩ Widerlege Michas Behauptung mit einem stichhaltigen Argument.

b ◩ Erkläre Micha, weshalb wir den Mond sehen können.

2 Sonnenuntergang

Lea: *Wenn wir die Sonne gerade untergehen sehen, ist sie eigentlich schon bereits vor etwa 8,5 Minuten untergegangen.*

a ◩ Nimm Stellung zu Leas Aussage.

b ■ Schätze mithilfe der Zeitangabe von Lea durch eine Rechnung ab, wie weit die Sonne ungefähr von der Erde entfernt ist.

3 Simones Schatten

Simone geht an einer Straßenlaterne vorbei. Wie ändert sich ihr Schattenbild?

a ◪ Konstruiere Simones Schattenbild für die drei gezeichneten Positionen.

b ◪ Fülle die Lücken so, dass der Text beschreibt, wie sich ihr Schattenbild ändert.

Wenn sich Simone der Straßenlampe nähert, befindet sich ihr Schattenbild zunächst ______________ und wird ______________. Wenn sie direkt unter der Lampe steht, ______________________________. Entfernt sie sich wieder von der Lampe, ______________________________.

4 Hinter der Mauer

Tom kann seine Freunde Paul und Aisha hinter der Mauer nicht sehen. Nebenstehende Skizze zeigt die Szene von oben.

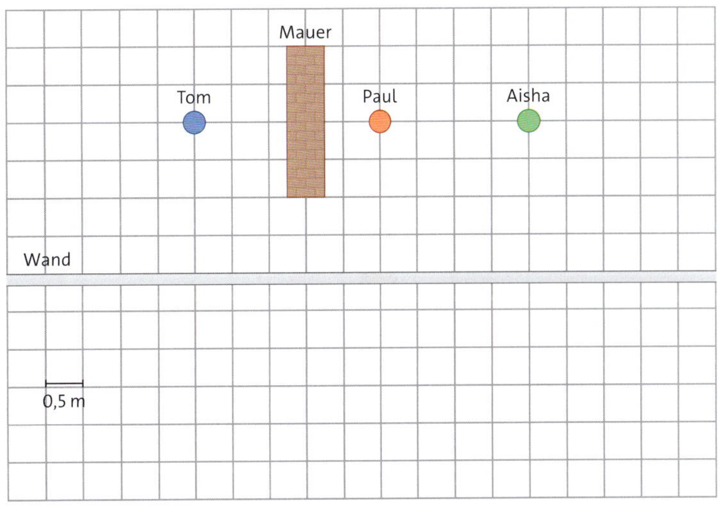

a ■ Zeichne die Position eines möglichst kleinen Spiegels auf der Wand ein, sodass Tom darin seine beiden Freunde sehen kann.

b □ Gib die mindestens erforderliche Breite des Spiegels an.

____

5 Durch den Reifen

Der Delfin soll durch den Reifen springen, den er durch die Wasseroberfläche sehen kann.

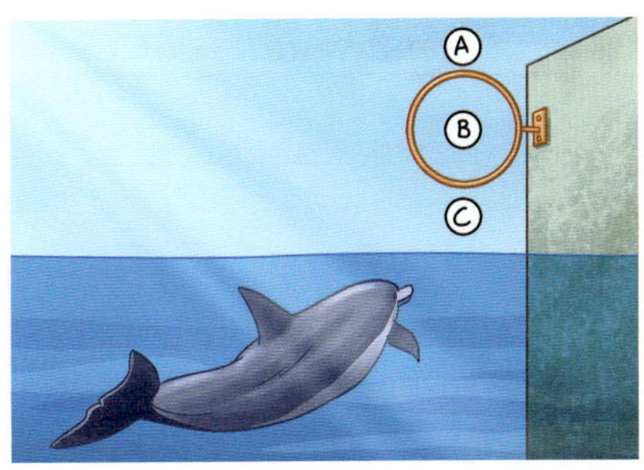

a ◪ Kreuze an, wohin der Delfin aus seiner Sicht springen muss.

◯ A ◯ B ◯ C

b ◪ Begründe deine Antwort unter Verwendung der Fachbegriffe.

____

____

____

____

____

Optische Linsen

1 Blackbox

Im Inneren des grau gezeichneten Kastens befindet sich eine Linse.

a ◩ Ergänze die Strahlengänge und zeichne die Linse mit dem vereinfachten Symbol an der richtigen Stelle ein. Gib an, welcher Linsentyp sich im Kasten befindet.

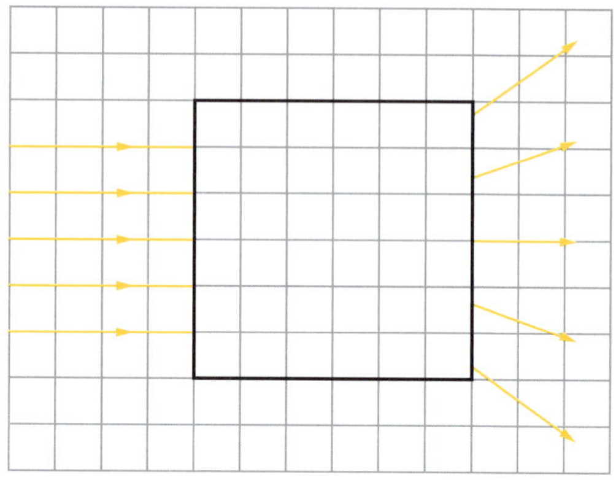

____

b ◩ Zeichne mithilfe einer geeigneten Hilfslinie den Brennpunkt *F* der Linse ein und gib ihre Brennweite auf mm genau an.

____

2 Linsenwölbung

Eine Kerze wird durch zwei verschiedene Sammellinsen abgebildet. Die Linsen unterscheiden sich in ihren Brennweiten. (Die Brennpunkte gehören jeweils zur Linse mit der gleichen Farbe.)

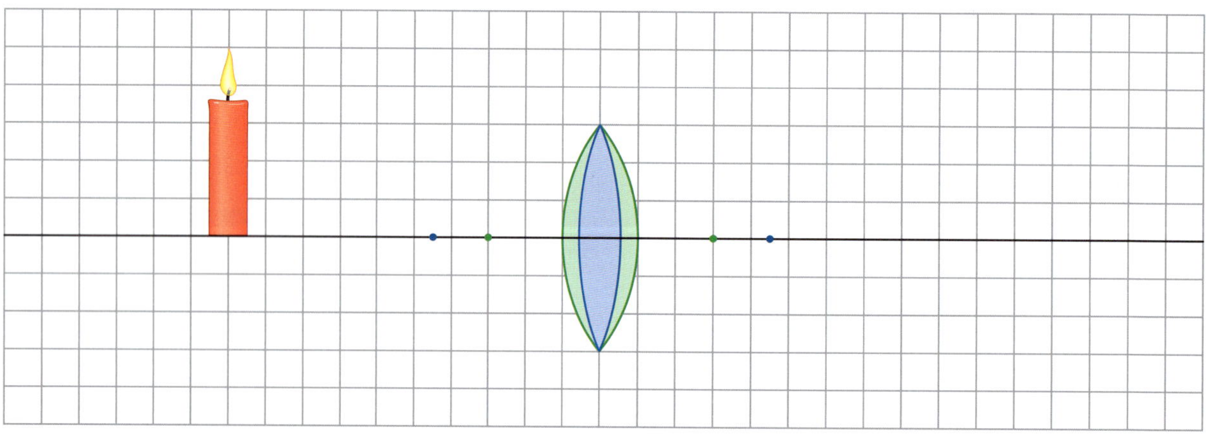

a ☐ Formuliere mithilfe der Grafik den Zusammenhang zwischen der Wölbung einer Linse und ihrer Brennweite.

____

____

b ◩ Konstruiere jeweils das Bild der Kerze durch die grüne und die blaue Linse in den dazugehörigen Farben (grüne Linse: grüne Strahlen, blaue Linse: blaue Strahlen).

c ◩ Fülle die Lücken so, dass die Zusammenhänge richtig wiedergegeben werden.

Je größer die Brennweite einer Linse ist, desto ______________ ist die Bildweite.

Je größer die Brennweite einer Linse ist, desto ______________ ist die Bildgröße.

3 Bildweite

Ein 3,0 cm großer Gegenstand befindet sich in einer Gegenstandsweite von 6,0 cm vor einer Sammellinse (f = 20 mm). Das Bild des Gegenstands soll auf einem Projektionsschirm aufgefangen werden.

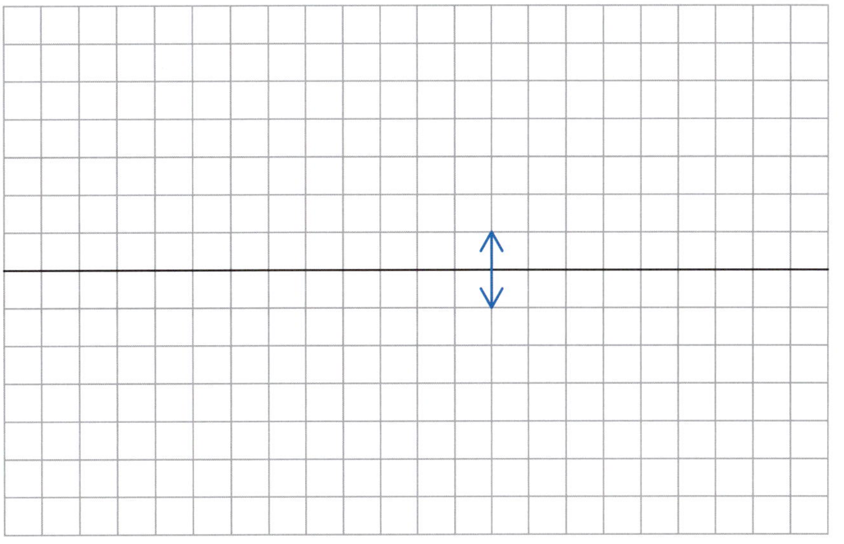

a Ergänze die Zeichnung und ermittle die Bildweite b und die Bildgröße B. Gib beides auf mm genau an.

b Das Bild soll bei unveränderter Linsenposition mit einer Bildweite von 4,0 cm auf den Projektionsschirm aufgefangen werden und dabei eine Bildgröße von 3,0 cm haben. Ermittle zeichnerisch die zugehörige Position des Gegenstandes und gib die Gegenstandsweite auf mm genau an.

4 Lupe

a Ergänze folgenden Lückentext so, dass er das Prinzip einer Lupe richtig beschreibt.

Eine Lupe ist eine ____________________.
Mit ihr kann man Gegenstände vergrößert betrachten. Damit ein vergrößertes Bild entsteht, muss die ____________________ kleiner als die ____________________ der Linse sein. Schaut man dann von der gegenstandsabgewandten Seite durch die Linse, sieht man ein vergrößertes ____________ des Gegenstands. Es ist ______________ und nicht ______________. Solche Bilder nennt man ____________.

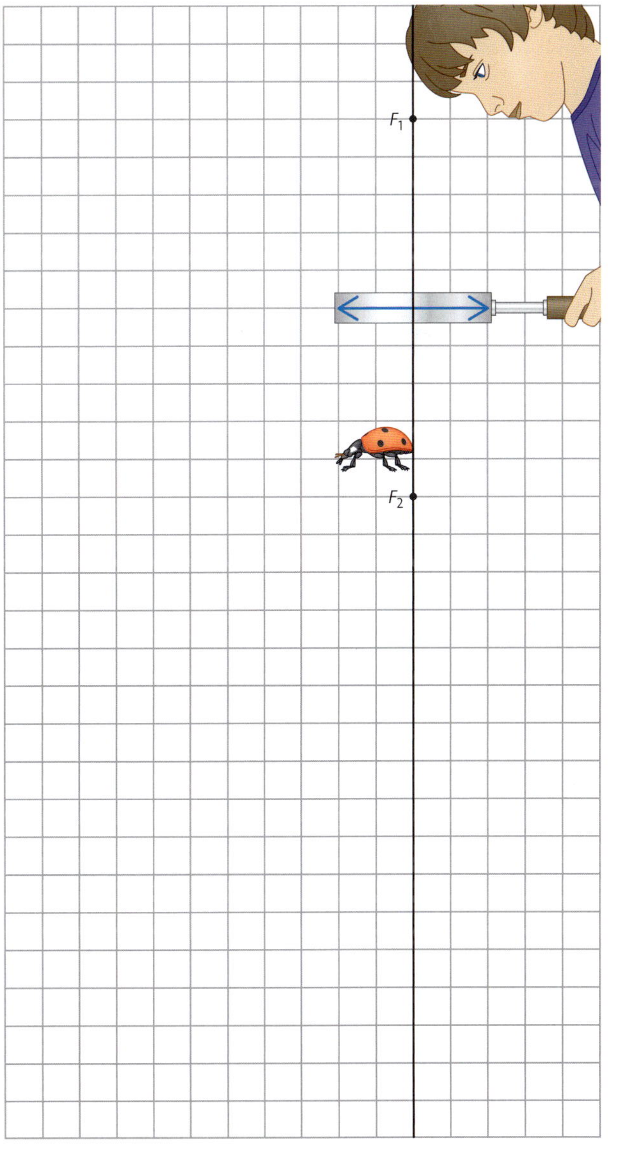

b Konstruiere das virtuelle Bild des Käfers, das Paul durch die Lupe sieht.

c Beschreibe, wie Paul vorgehen muss, damit er den Käfer noch größer sieht.

____

____

____

Optische Geräte

1 Fotoapparat

Tipp: Verwende für die folgenden Zeichnungen Bleistift und Holzfarbstifte. Drücke bei farbigen Markierungen nur leicht auf das Papier, damit die Zeichnung übersichtlich bleibt. Zeichne zunächst dünn mit Bleistift vor, wenn du dir nicht sicher bist.

Zwei Schachfiguren sollen mit dem Objektiv eines Fotoapparats abgebildet werden. Das Objektiv besitzt eine Brennweite von 20 mm.

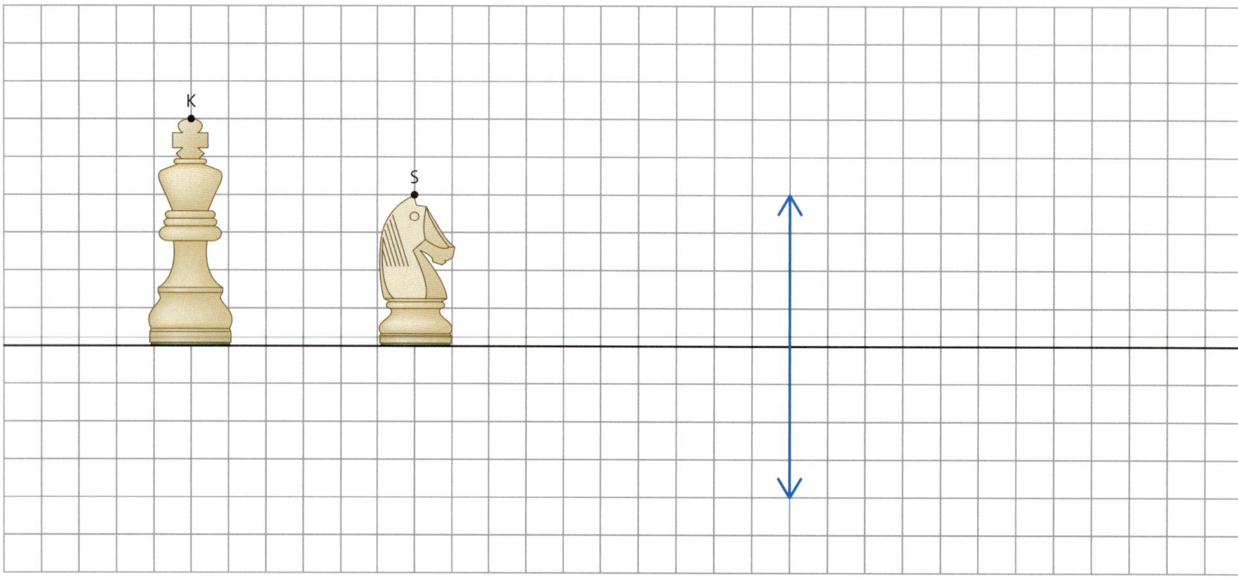

a Wo muss sich der Bildsensor befinden, damit der König scharf abgebildet wird. Ermittle die Lage des Bildsensors, indem du den Bildpunkt K' konstruierst. Zeichne dann den Bildsensor als vertikale Linie ein.

Gib die Bildweite $b_{\text{König}}$ an: $b_{\text{König}}$ = ________________.

b Zeichne mit grüner Farbe das gesamte Lichtbündel ein, das vom Punkt K das Objektiv durchdringt und auf die Bildebene trifft.

c Konstruiere nun für die gleiche Position des Objektivs den Bildpunkt S' und markiere mit blauer Farbe das gesamte Lichtbündel, das vom Punkt S aus durch das Objektiv verläuft und auf den Bildpunkt S' trifft.

d Erkläre, warum das Bild des Springers auf dem Bildsensor unscharf erscheint.

____

____

e 2,0 mm hinter dem Objektiv befindet sich eine Blende, deren Öffnungsdurchmesser auf 4,0 mm eingestellt wird. Zeichne diese Blende in das Bild. Zeichne nun mit roter Farbe das Lichtbündel ein, das jetzt vom Gegenstandspunkt S zum Bildpunkt S' verläuft. Erkläre, warum das Bild des Springers bei kleiner Blendenöffnung schärfer auf dem Bildsensor erscheint.

____

____

2 Auge

Die Linse im folgenden Bild stellt das Linsensystem des Auges dar. Vier gleich große Kerzen stehen in unterschiedlichen Abständen vor dem Auge.

a Konstruiere die Bildpunkte A' – D'.

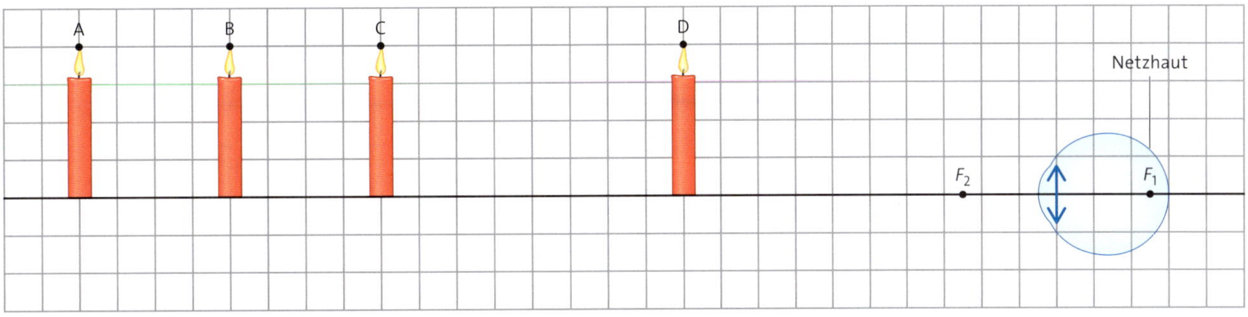

b Beschreibe die Lage der Bildpunkte.

____

____

____

c Auch nahe Gegenstände wie die Kerze D können scharf auf der Netzhaut abgebildet werden. Beschreibe und benenne den Vorgang im menschlichen Auge, der dies ermöglicht.

____

____

____

d Im höheren Alter verringert sich die Elastizität der Augenlinse so, dass sie nicht mehr so stark gewölbt werden kann. Beschreibe das benötigte Hilfsmittel, um nahe Gegenstände zu sehen. Begründe deine Antwort.

____

____

____

3 Fernrohr

Das Bild zeigt den Weg des Lichts eines weit entfernten Gegenstands in einem Fernrohr.

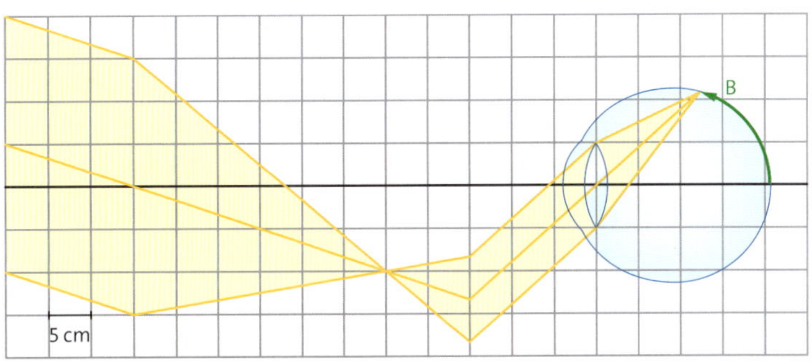

a Zeichne das Objektiv, das Okular, das Zwischenbild B' und den Sehwinkel ε an der richtigen Stelle ein.

b Gib die Brennweite von Objektiv und Okular an. (Beachte den Maßstab!)

____

Prüfungsvorbereitung

1 Brennglas

Mit einem Brennglas kann man an einem sonnigen Tag ein Feuer entzünden. Zeichne in das Kästchen die notwenige Linse mit dem vereinfachten Symbol ein. Zeichne dann den Weg des Lichts vor und nach dem Brennglas ein.

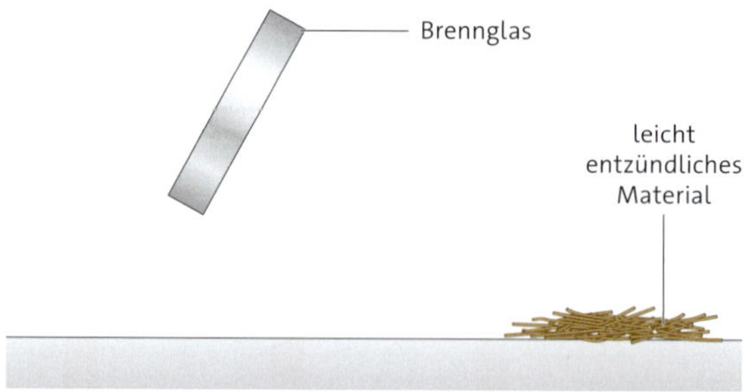

2 Fotoapparat

Das nebenstehende Bild zeigt einen Fotoapparat.

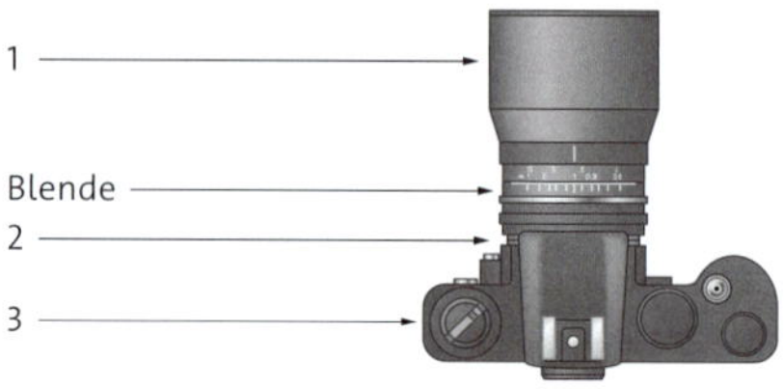

a Benenne die für die Bildentstehung wichtigen Bauteile, die sich an der jeweils bezeichneten Stelle befinden.

1: ____________ 2: ____________ 3: ____________

b Ein Fotograf möchte schnell fahrende Autos bei normaler Helligkeit scharf abbilden. Beschreibe die Einstellungen an seinem Fotoapparat, die er wählen muss. Entscheide, ob die Schärfentiefe bei der Aufnahme groß oder klein ist, und beschreibe, worin sich dies im Bild äußert.

____

____

____

3 Aufnahme einer Blume

Ein Fotoapparat hat ein Objektiv mit einer Brennweite von 28 mm. Er ist so eingestellt, dass eine 10 cm entfernte Blume scharf auf dem Bildsensor abgebildet wird.

a Konstruiere das Bild der Blume mithilfe der Hauptstrahlen. Beschrifte die Hauptstrahlen mit den Fachbegriffen.

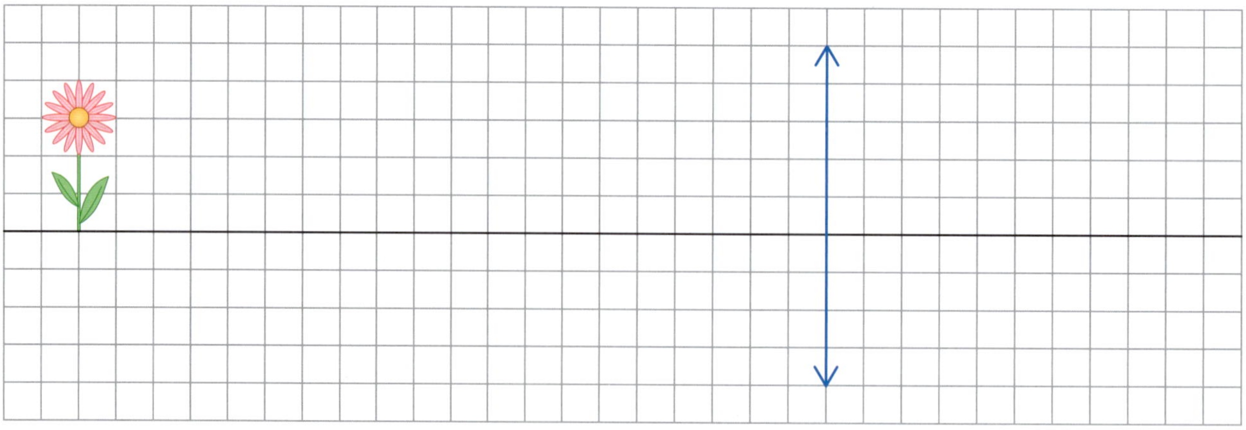

b Beschreibe, was geschieht, wenn die Gegenstandsweite kleiner als 28 mm wird. Gib dafür eine Erklärung.

____

____

4 Auge und Fehlsichtigkeit

Das menschliche Auge hat einen ähnlichen Aufbau wie ein Fotoapparat.

Fotoapparat	Auge
Blende	
Objektiv	
Bildsensor	

a □ Ergänze die Tabelle so, dass die sich entsprechenden Bestandteile nebeneinanderstehen.

b ◪ Eine Person betrachtet eine Stecknadel aus geringem Abstand. Konstruiere den Bildpunkt P′ und entscheide, welche Fehlsichtigkeit vorliegt. Begründe.

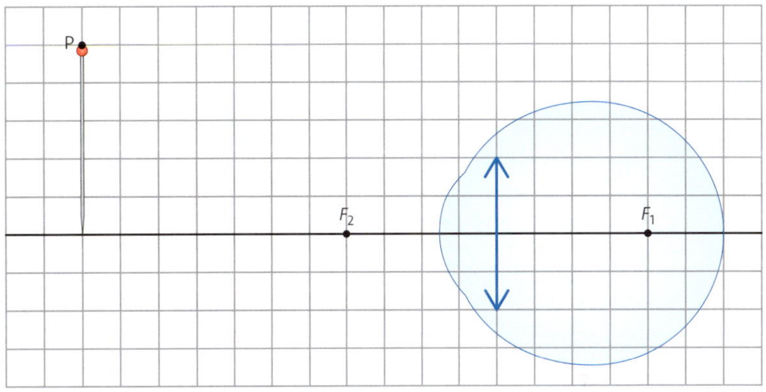

c ◪ Zeichne farbig das Lichtbündel ein, das vom Punkt P ausgeht, die Augenlinse durchdringt und auf den Bildpunkt P′ trifft.

d ■ Beschreibe und erkläre, wie die Fehlsichtigkeit durch eine Brille korrigiert wird. Ergänze dazu die Zeichnung.

5 Fernrohr

Du sollst ein Fernrohr mit möglichst starker Vergrößerung bauen. Dir stehen Sammellinsen mit folgenden Brennweiten zur Verfügung: f = 50 mm; f = 100 mm; f = 300 mm; f = 500 mm.

a ■ Erstelle eine Skizze, die den Aufbau des Fernrohrs wiedergibt. Mache darin deutlich, welche der genannten Linsen in welcher Weise angeordnet sein müssen, und beschrifte Objektiv und Okular.

b ◪ Beschreibe jeweils die Aufgaben von Objektiv und Okular.

Eigenschaften und Herstellung von Magneten

1 Ferromagnetische Stoffe

☐ Im Buchstabenrätsel sind drei ferromagnetische Stoffe versteckt. Finde ihre Namen und notiere sie.

I	A	K	U	P	F	E	R
Z	G	N	T	W	K	C	Z
I	E	I	S	E	N	M	E
N	V	C	W	A	S	S	E
K	E	K	O	B	A	L	T
U	Q	E	L	A	L	S	J
W	X	L	O	U	Z	P	K

2 Eigenschaften von Magneten – richtig oder falsch?

a ☐ Kreuze jeweils an, ob die Aussage richtig (r) oder falsch (f) ist.

	Aussage	**r**	**f**
1	Die Pole eines Magneten werden Plus- und Minuspol genannt.		
2	Die gleichnamigen Pole zweier Magnete ziehen sich an.		
3	Die Pole eines Magneten sind verschieden.		
4	Die magnetische Anziehung tritt auch ohne direkten Kontakt auf.		
5	Mit der Entfernung nimmt die magnetische Kraftwirkung eines Magneten ab.		

b ◩ Formuliere die falschen Aussagen aus Aufgabenteil **a** so um, dass sie stimmen.

3 Die Kraft eines Magneten

a ◩ Beschreibe, was du auf dem nebenstehenden Bild sehen kannst.

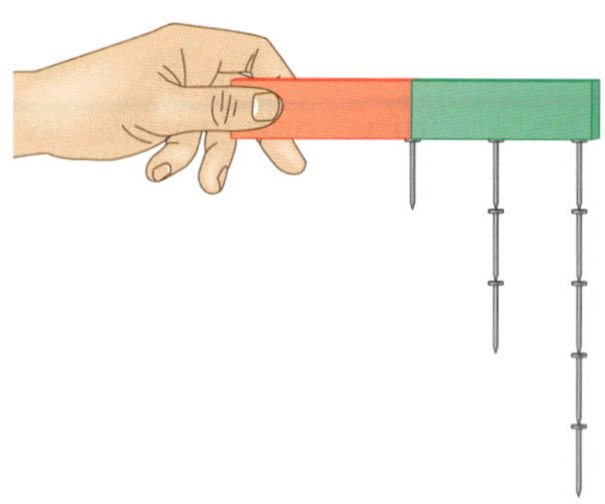

b ◩ Formuliere eine passende Schlussfolgerung. Verwende dabei folgende Begriffe:

Kraftwirkung • am stärksten • indifferente Zone • Pole.

4 Ausrichtung eines Stabmagneten

☐ Im nebenstehenden Bild siehst du einen Stabmagneten, der frei drehbar gelagert ist. Ergänze die Bezeichnungen der Pole des Stabmagneten.

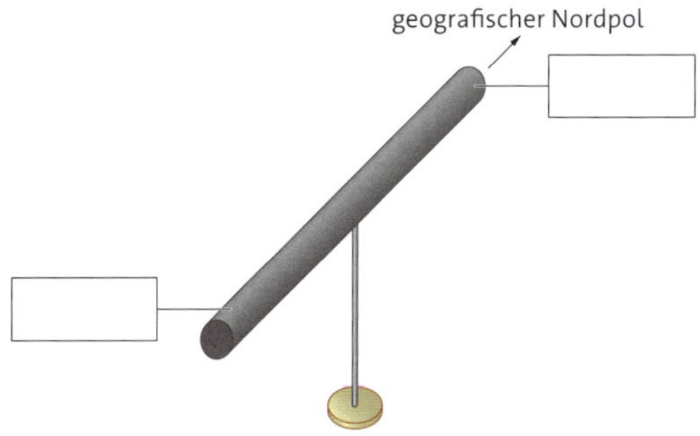

5 Verhalten magnetischer Pole

a ☐ Kreuze Zutreffendes an.

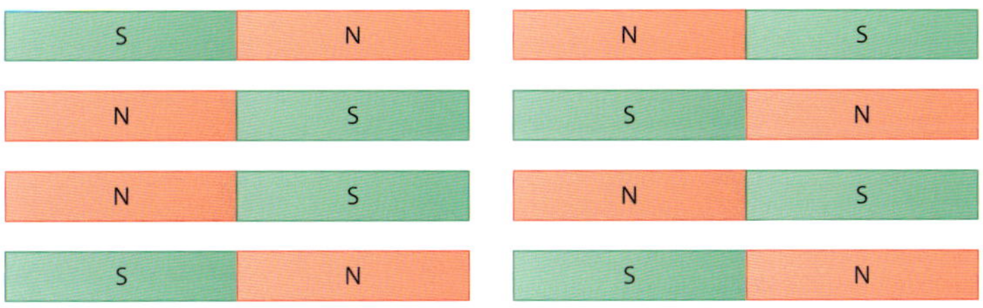

Die Magnete ziehen sich an.	Die Magnete stoßen sich ab.

b ☐ Vervollständige den Merksatz für das Verhalten der Magnetpole.

Gleichnamige Magnetpole ______________________ und ______________________

Magnetpole ______________________.

6 Schraubenkette

Werden Schrauben nacheinander an einen Magneten gehängt, entsteht eine Schraubenkette.

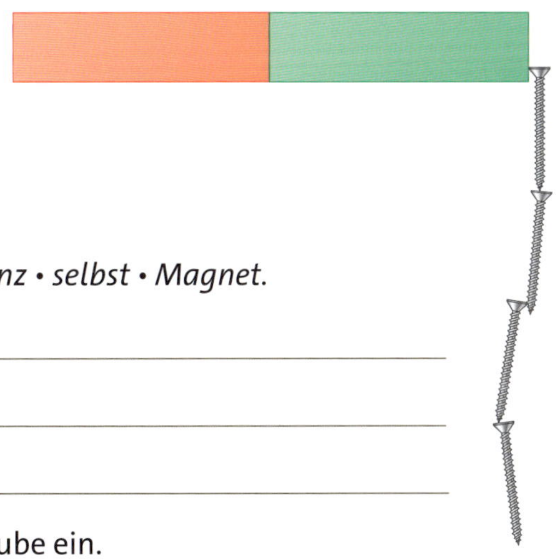

a ■ Erkläre, wieso die Schrauben aneinanderhaften.

Benutze für deine Erklärung folgende Wörter:

Nähe • magnetische Kraftwirkung • magnetische Influenz • selbst • Magnet.

____

____

____

b ◪ Zeichne jeweils den Nord- und den Südpol jeder Schraube ein.

7 Dauerhafte Magnetisierung

◪ Fülle die Lücken im Text, benutze dafür folgende Wörter:

Weicheisen • dauerhaft • kurzzeitig • Überstreichen • Dauermagnete • Stahl • magnetisiert.

Hartmagnetische Stoffe wie ______________ können im Gegensatz zu ______________________

durch mehrmaliges ____________________ mit einem Magneten ______________________

werden. Man nennt sie dann ______________________.

Elementarmagnete und Magnetfeld

1 Modell zum Aufbau ferromagnetischer Körper

a ☐ Beschreibe, wie wir uns den Aufbau ferromagnetischer Körper im unmagnetisierten und im magnetisierten Zustand in der Modellvorstellung vorstellen.

b **Julia:** *Wenn ich einen Stabmagneten in der Mitte zerbreche, dann erhalte ich einen Nordpol-Magneten und einen Südpol-Magneten.*

☐ Bewerte die Aussage mithilfe des Modells vom inneren Aufbau ferromagnetischer Körper.

2 Experimente mit einem Stabmagneten

a ☐ Die beiden Bilder zeigen zwei Versuche mit einem Stabmagneten. Beschreibe jeweils, was im Versuch gemacht wird und welche Auswirkung dies für den Stabmagneten hat.

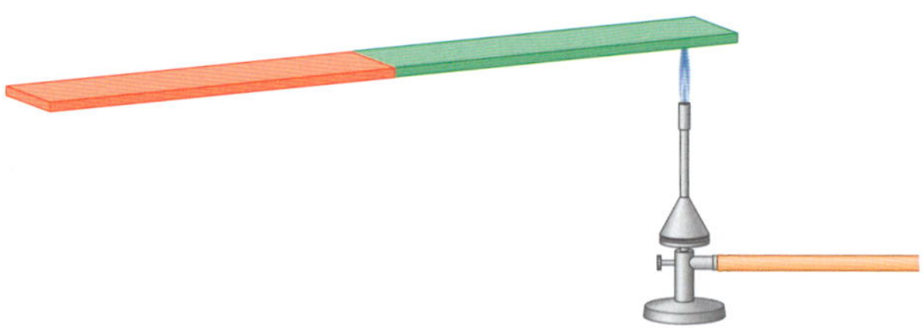

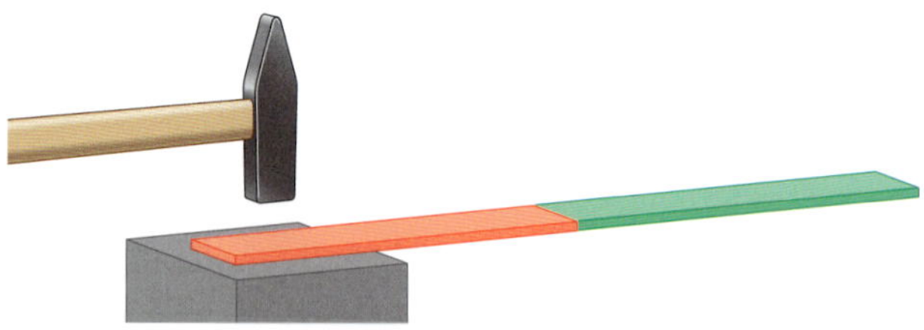

b ☐ Was geschieht mit den Elementarmagneten des Stabmagneten in den beiden Versuchen? Kreuze die richtigen Antworten an.

- ○ Die Elementarmagnete werden dabei zerstört.
- ○ Die Elementarmagnete richten sich so aus, dass sich ihre Wirkung nach außen aufhebt.
- ○ Die Elementarmagnete geraten in Unordnung.
- ○ Alle Elementarmagnete richten sich gleichsinnig in eine neue Richtung aus.

3 Feldlinienbilder zeichnen

◪ Zeichne die Feldlinienbilder der folgenden Magnete:

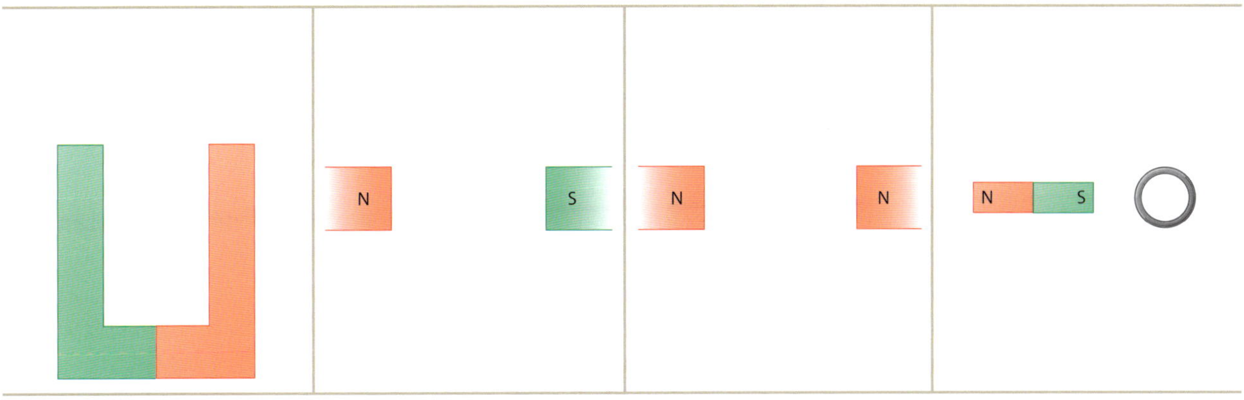

4 Ein fehlerhafter Text über Feldlinienbilder

a ◪ Streiche Falsches durch und schreibe die Sätze so um, dass richtige Aussagen entstehen.

> Magnetische Feldlinienbilder lassen sich mithilfe von Kupferspänen herstellen. Dabei werden die Späne in der Nähe von Magneten durch Magie selbst zu Magneten. Späne, die auf einer Linie liegen, stoßen sich gegenseitig ab. Späne, die auf benachbarten Linien liegen, ziehen sich an.

b ■ Tom sagt: „Die Linien aus Eisenspänen um einen Magneten sind die Feldlinien.“
Erkläre Tom, warum seine Aussage nicht richtig ist, indem du auf den Modellcharakter der Feldlinien eingehst.

Prüfungsvorbereitung

1 Eigenschaften von Magneten

a □ Kreuze an, welche Aussage einen Magneten am besten beschreibt.

- ◯ ein Gegenstand, der andere Gegenstände anzieht
- ◯ ein Gegenstand, der Eisen, Nickel oder Kobalt anzieht
- ◯ ein Gegenstand, der von Ferne schon Kräfte ausübt
- ◯ ein Gegenstand, der Gegenstände aus Eisen abstößt

b □ Zeichne entweder anziehende (→ ←) oder abstoßende (← →) Kraftwirkung zwischen die dargestellten Stabmagnete. Formuliere dazu auch eine Merkregel.

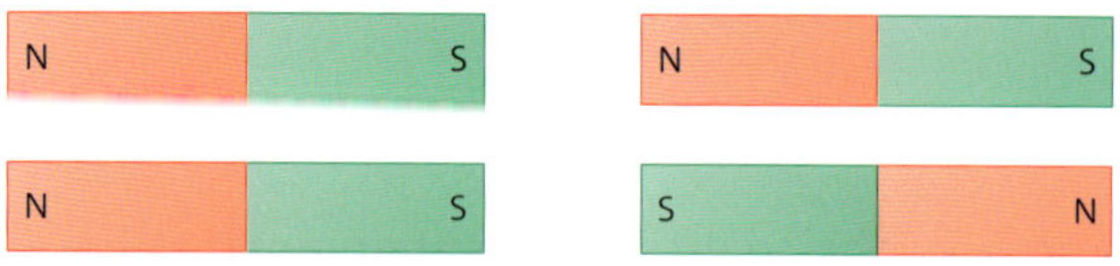

2 Magnet zerbrechen

a □ Der Magnet im Bild wird zerbrochen. Male die Bruchstücke so aus, dass ihre Polung richtig wiedergegeben wird.

b ◩ Beschreibe nun in Worten, was passiert, wenn ein Magnet zerbrochen wird.

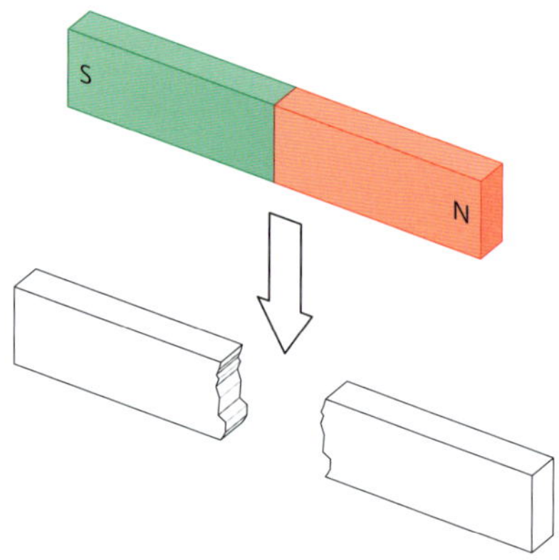

c ◩ Gib eine Erklärung dafür. Gehe dazu auf den Aufbau eines ferromagnetischen Stoffs ein.

3 Magnetische Influenz

■ Beschreibe, was man unter magnetischer Influenz versteht, und erkläre das Phänomen mithilfe der Modellvorstellung.

4 Feldlinienbilder

a Im Bild siehst du ein Muster aus Eisenspänen, das durch Magnete entstanden ist. Kreuze Zutreffendes an.

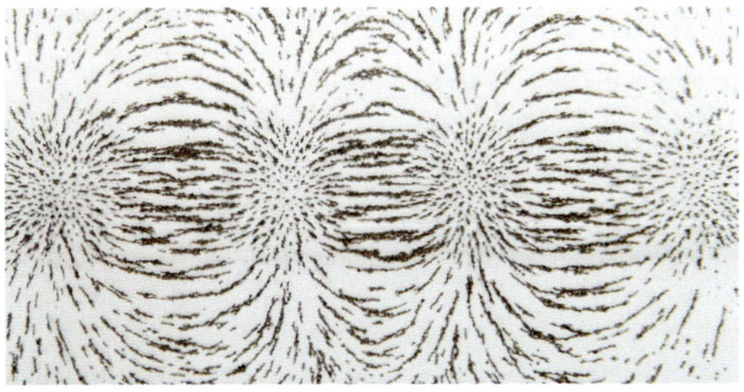

- ◯ Eine Kompassnadel richtet sich entlang der Eisenspäne aus.
- ◯ Die beiden Pole sind magnetische Monopole.
- ◯ Die Magnete ziehen einander an.
- ◯ Mit Kupferspänen ergibt sich ein ähnliches Muster.

b Feldlinien sind Modellvorstellungen. Erkläre den Nutzen dieser Modellvorstellung.

c Nenne mindestens drei Aspekte, die beim Zeichnen von Feldlinien zu beachten sind.

d Ein Eisenring liegt neben einem Stabmagneten. Zeichne das Feldlinienbild des Stabmagneten innerhalb des Rechtecks. Zeichne zusätzlich an die Punkte A, B und C die Ausrichtung frei drehbarer Magnetnadeln:

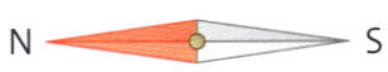

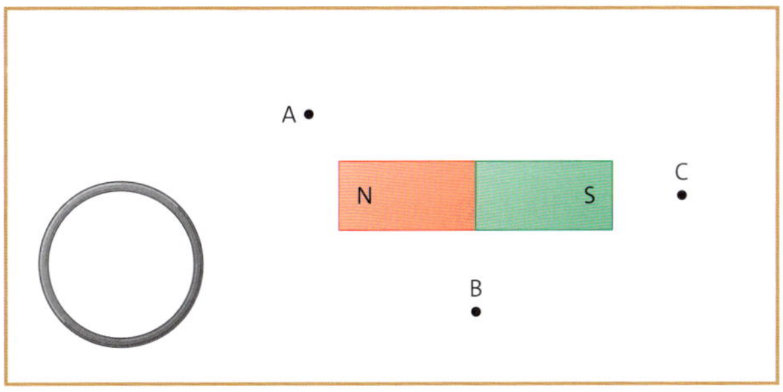

5 Erdmagnetfeld

Zeichne in das Bild die Rotationsachse der Erde ein und beschrifte alle Pole (magnetische und geografische). Skizziere dann das Magnetfeld der Erde.

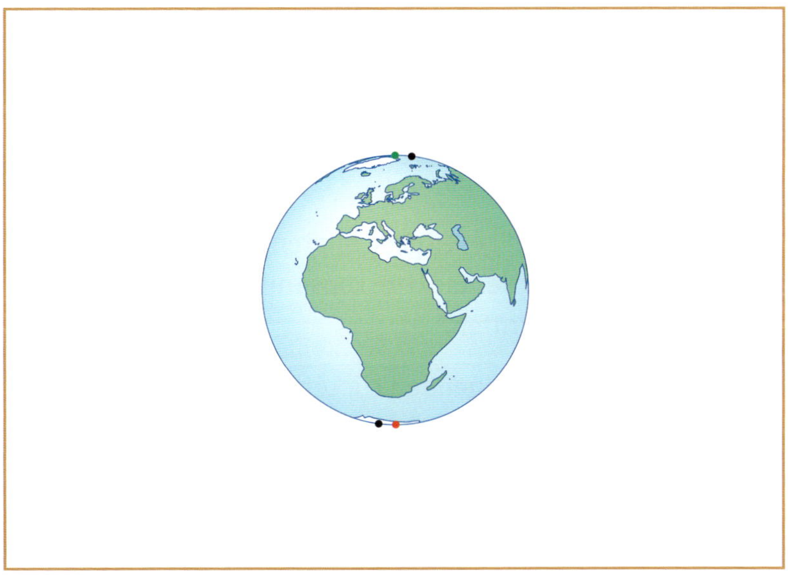

Elektrische Ladung

1 Luftballon und Haare

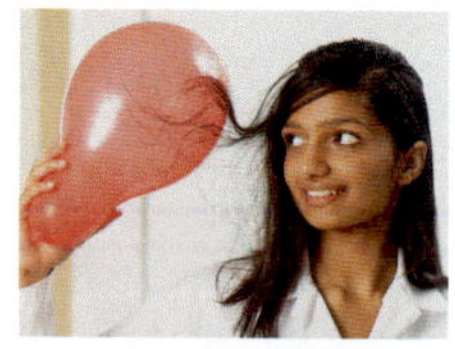

Stärke elektrische Ladungen zu binden nimmt zu.

a ☐ Das Mädchen im Bild hat den Luftballon, der aus Kautschuk besteht, zuvor an ihren Haaren gerieben. Erkläre, warum die Haare nun am Ballon haften.

____

____

____

____

b ◪ Ergänze mithilfe des nebenstehenden Ausschnitts der triboelektrischen Reihe die Darstellung der Vorgänge in der Modellvorstellung.

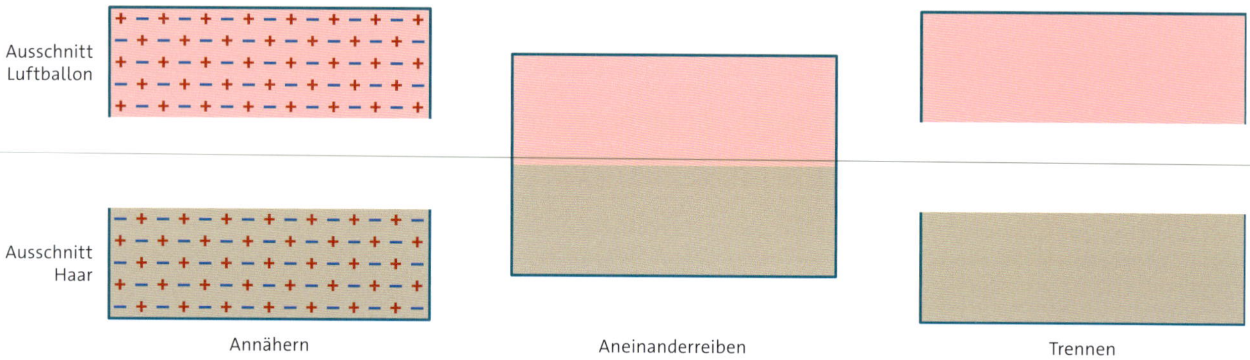

2 Logisch!

☐ Vier elektrisch geladene, mit Graphit überzogene Tischtennisbälle A, B, C und D hängen jeweils an einem Faden. Die Bilderreihe zeigt die Beobachtung beim Annähern je zweier Bälle. Gib die Ladungen der Bälle A, B und C an, wenn Ball D positiv geladen ist.

A: ____________________________

B: ____________________________

C: ____________________________

3 Elektroskop

Bild 3 zeigt den prinzipiellen Aufbau eines Elektroskops.

a ☐ Beschrifte die gekennzeichneten Bauteile 1–5 des Elektroskops mit den Fachbegriffen.

b ☐ Ergänze den folgenden Lückentext so, dass damit die Funktionsweise eines Elektroskops beschrieben wird.

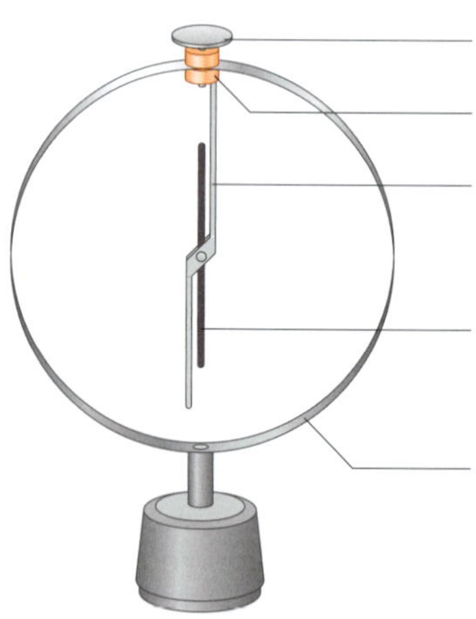

1. ________________________
2. ________________________
3. ________________________
4. ________________________
____
5. ________________________

Wird der Metallteller des Elektroskops mit einem ___ berührt, geht ein Teil ___ auf den Metallstab und den Zeiger über. Da sich ___, bewegt sich der ___ aus der Ruhelage heraus. Je ___ auf das Elektroskop aufgebracht wird, desto ___ Kräfte zwischen ___ und desto stärker wird der ___ ausgelenkt. Bauteil 2 sorgt dafür, dass keine ___ auf ___ übergeht und zur ___ abfließt.

c Die Bilderreihe zeigt ein Experiment. Beschreibe die Durchführung und die Beobachtung.

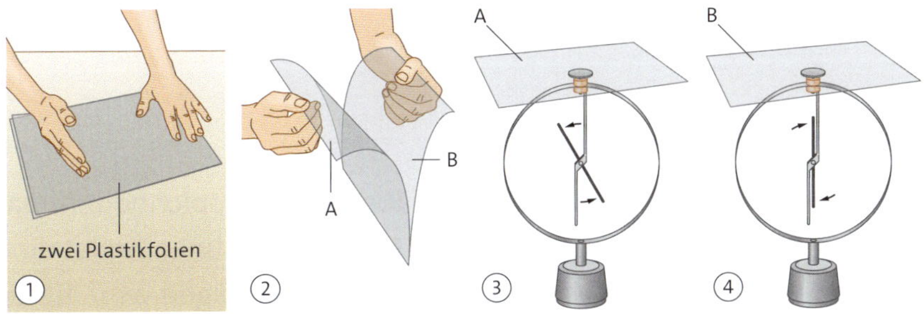

d Nutze das folgende Wortgeländer, um die Beobachtung zu erklären:

Aufeinanderpressen • negative Ladung • übergehen • Auseinanderziehen • positiv geladen • negativ geladen • Teller des Elektroskops • berühren • Zeiger und Metallstab • gleichnamig geladen • Zeigerausschlag • mit der anderen Folie • gleiche Menge entgegengesetzter Ladung • neutral • keine resultierende Kraftwirkung

Ladungsmenge, Ladungsverteilung und Kern-Hülle-Modell

1 Ladungsmengen

a ☐ Michael hat eine Metallkugel mit einer Elektrizitätsquelle negativ aufgeladen und die Ladungsmenge der Kugel dann mit einem Ladungsmessgerät gemessen. Durch Rechnung hat er herausgefunden, dass die Metallkugel einen Überschuss von etwa $1{,}0 \cdot 10^9$ Elektronen hatte. Berechne die Ladungsmenge, die das Ladungsmessgerät angezeigt hat.

b ◩ Lisa geht mit Gummisohlen über einen Teppichboden. Dabei lädt sich ihr Körper gleichnamig auf. Beim anschließenden Berühren einer Türklinke findet eine elektrische Entladung statt, bei der eine Ladungsmenge von $1{,}0 \cdot 10^{-10}$ C übertragen wird. Berechne die Anzahl der Elektronen, die dabei von Lisa auf die Türklinke übergehen.

2 Blitzeinschlag

■ Bei einem Gewitter sind der untere Bereich der Gewitterwolke und die Erde entgegengesetzt geladen. Erkläre, warum Blitze vorzugsweise in spitze Objekte wie Kirchturmspitzen einschlagen.
Tipp: Nutze dein Wissen über die Ladungsverteilung ungleichmäßig geformter Körper.

3 **Experiment von Rutherford**

In der Grafik ist der prinzipielle Aufbau des Streuexperiments von E. Rutherford und seinen Mitarbeitern dargestellt. Aus den Erkenntnissen des Streuexperiments leitete Rutherford das Kern-Hülle-Modell ab.

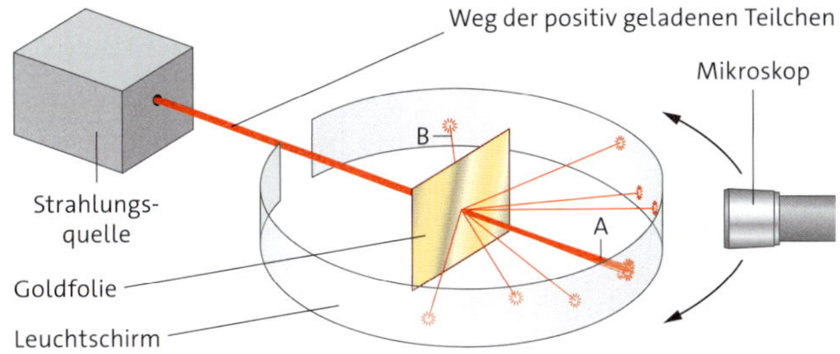

a Beschreibe die Funktion von Leuchtschirm und Mikroskop im Experiment.

b Erkläre, welche Erkenntnisse Rutherford aus dem Verlauf der mit A und B bezeichneten Teilchenwege für den Aufbau der Atome in der Goldfolie ableitete.

A:

B:

c Atome sind nach außen hin elektrisch neutral. Beschreibe, wie dies im Kern-Hülle-Modell erklärt wird.

Elektrische Influenz

1 Elektrische Influenz in Metallen

Die Bilderfolge veranschaulicht ein Experiment mit drei Metallkugeln auf Isolierstielen.

a □ Beschreibe die Durchführung und die Beobachtungen in der zweiten Spalte.

b ■ Erkläre dann die Vorgänge in der Modellvorstellung in der dritten Spalte.

Bilderfolge	Durchführung und Beobachtung	Modellvorstellung
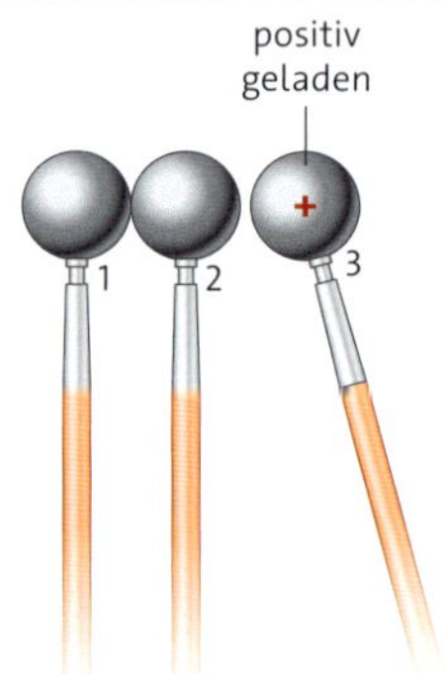		
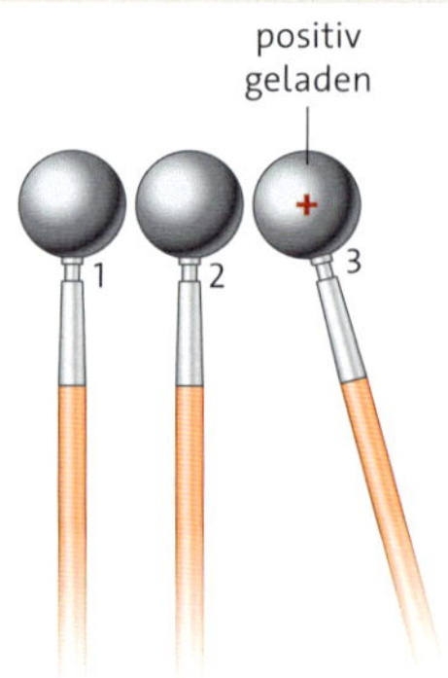		

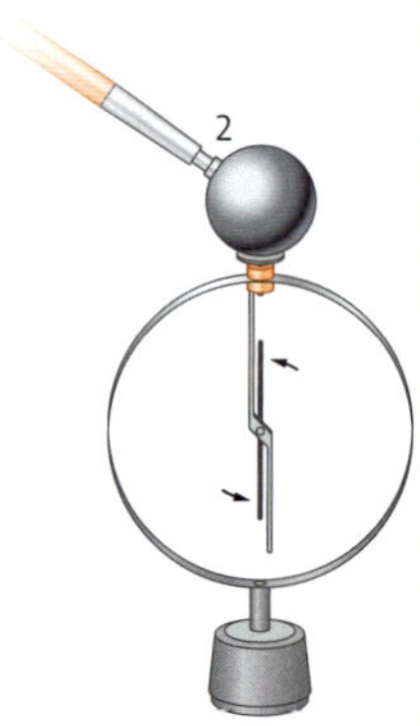		

2 Verpackungsmaterial – Elektrische Influenz in Nichtmetallen

In einem Postpaket wurde Füllmaterial aus Styropor benutzt.
Tina stellt fest, dass diese Styroporchips an ihrem Pullover haften bleiben.

a □ Eine mögliche Ursache ist, dass die Styroporchips sich durch den Transport elektrisch aufgeladen haben. Sortiere die Textpuzzleteile so, dass erklärt wird, warum die Styroporchips dann am Pullover haften.

1 in denen einmal die negative Ladung und einmal die positive Ladung überwiegt.

2 kommt es zu anziehenden elektrischen Kräften.

3 den entgegengesetzt geladenen Bereichen der Dipole

4 der elektrisch geladenen Styroporchips zu einer Ladungsverschiebung.

5 Deshalb haften die Styroporchips am Pullover.

6 In den Molekülen entstehen zwei sich gegenüberliegende Bereiche,

7 Man sagt: Die Moleküle werden zu elektrischen Dipolen.

8 In den Molekülen des Pullovers kommt es in der Nähe

9 Die Dipole richten sich so aus, dass

10 Zwischen den Styroporchips und

11 die entgegengesetzt geladenen Bereiche in Richtung der Styroporchips zeigen.

Richtige Reihenfolge:

b ◪ Ein weitere mögliche Ursache für das Anhaften kann sein, dass nicht die Styproporchips, sondern der Pullover elektrisch aufgeladen ist. Erkläre das Verhalten der elektrisch neutralen Styroporchips in diesem Fall.

Elektrisches Feld

1 Feldlinienbilder interpretieren

In einem Experiment wurden verschiedene elektrisch geladene Körper in einer Schale mit Rizinusöl und Grießkörnern platziert. Die Grießkörner richteten sich jeweils wie in der Fotofolge aus.

a ◪ Ergänze in den Zeichnungen unter den Fotos die Ladung des zweiten Körpers, sodass dadurch die Ausrichtung der Grießkörner erklärt wird. Zeichne dann jeweils das idealisierte Feldlinienbild ein.

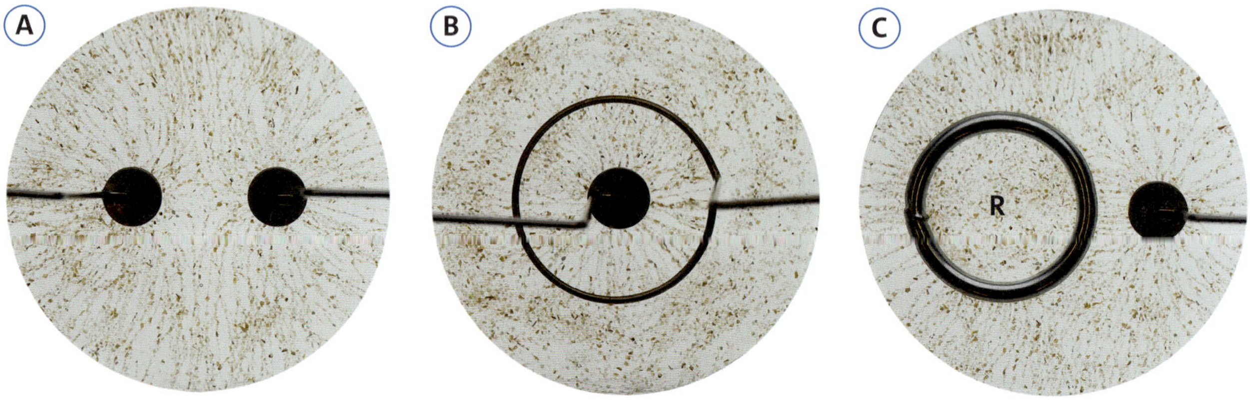

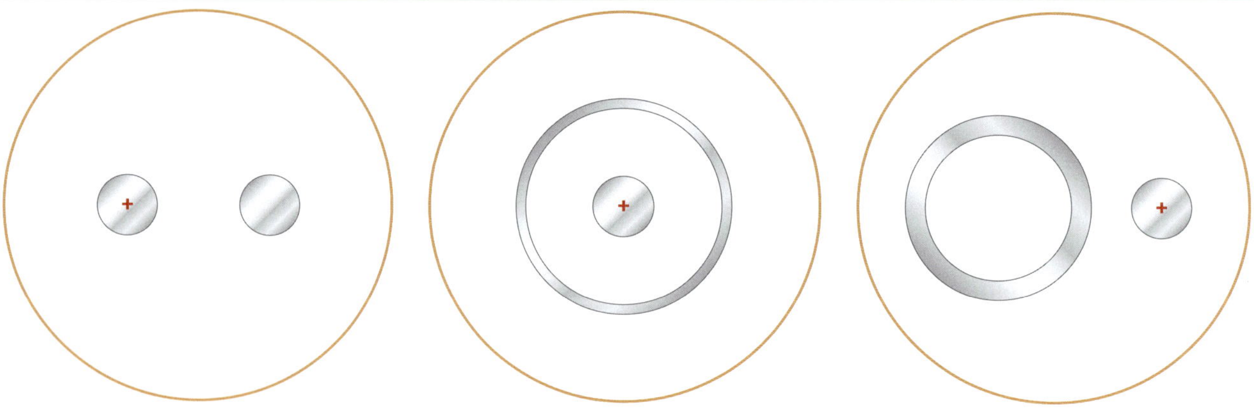

b □ Beschreibe die Besonderheit des gekennzeichneten Bereichs R. Nenne zwei Beispiele aus dem Alltag, in denen ein solcher Bereich von Bedeutung ist.

c ■ Elektrische Feldlinien sind Modellvorstellungen. Erkläre den Nutzen dieser Modellvorstellung.

2 Fehlersuche

Das nebenstehende Feldlinienbild enthält einige Fehler.

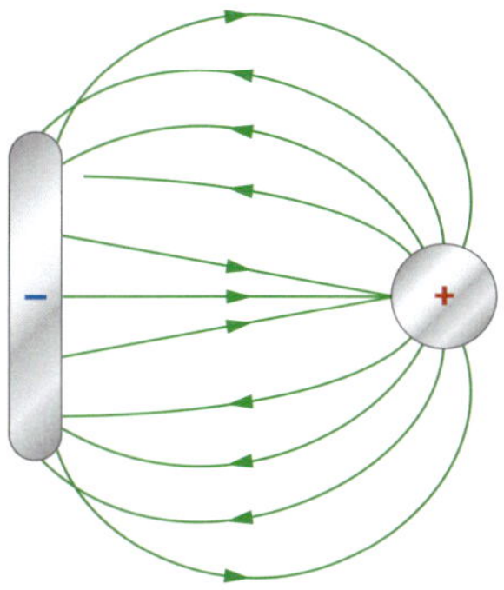

a ☐ Markiere alle Fehler.

b ◩ Nummeriere die markierten Fehler und begründe jeweils, warum die Darstellung der Feldlinien dort nicht stimmt.

3 Elektrisches Feld bei Gewitter

Das Bild zeigt eine Gewitterwolke über der Erdoberfläche. Nimm an, dass die Unterseite der Gewitterwolke negativ und die Erdoberfläche positiv geladen ist.

a ◩ Ergänze die im Bild eingezeichneten Feldlinien, sodass ein möglichst realistisches Feldlinienbild entsteht. Achte darauf, alle Eigenschaften elektrischer Feldlinien zu beachten.

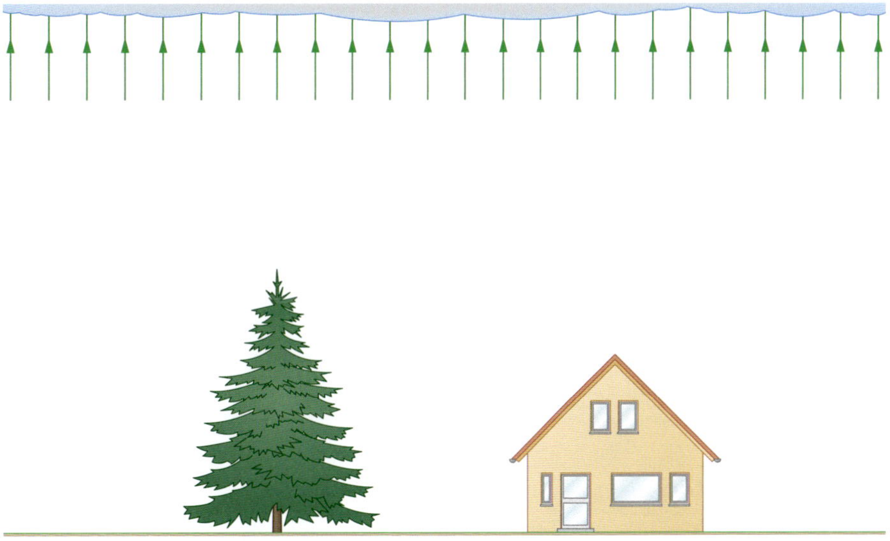

b ■ Begründe mithilfe des Feldlinienbilds, dass ein Blitz wahrscheinlich im Baum oder im Hausgiebel einschlagen wird.

Prüfungsvorbereitung

1 Elektrische Influenz

☐ Beschreibe, was man unter elektrischer Influenz versteht.

2 Pfeffer und Salz

In einem Buch mit Experimentieranleitungen kann man die folgende Versuchsanleitung finden: „Trennung von Pfeffer und Salz: Stelle eine kleine Menge einer Mischung aus Kochsalz und gemahlenem Pfeffer her und streue diese auf eine Tischplatte. Reibe eine Kuchenschaufel aus Kunststoff mit einem Baumwollhandtuch. Halte die Kuchenschaufel in die Nähe des Gemischs. Die Kuchenschaufel zieht den Pfeffer an, der dann an der Kuchenschaufel haftet."

a ◩ Erkläre die Anziehung des Pfeffers in einer geeigneten Modellvorstellung.

b ◩ Berechne die Anzahl der Elektronen, die beim Reiben auf die Kunststoffschaufel übergehen, unter der Annahme, dass ihre Ladung nach dem Reiben 1,0 μC beträgt.

3 Zitteraal

Der Zitteraal ist ein ca. 1,5 m langer Fisch, der seine Beute mit elektrischen Entladungen lähmen kann. Sein Kopf ist positiv und sein Schwanz negativ geladen.

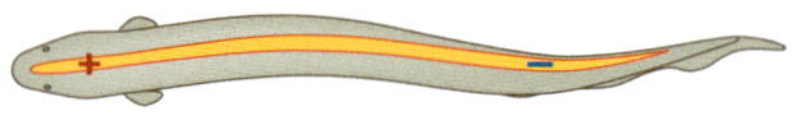

a ☐ Zeichne das Feldlinienbild unter Angabe der vereinbarten Richtung in der Nähe des Zitteraals ein.

b ☐ Gib an, um was für einen Körper es sich im physikalischen Sinn bei einem Zitteraal handelt.

4 Elektrostatisches Beschichten

Metallische Oberflächen können durch elektrostatisches Beschichten mit einem Überzug aus Farbpartikeln versehen werden. Das Bild zeigt das Funktionsprinzip.

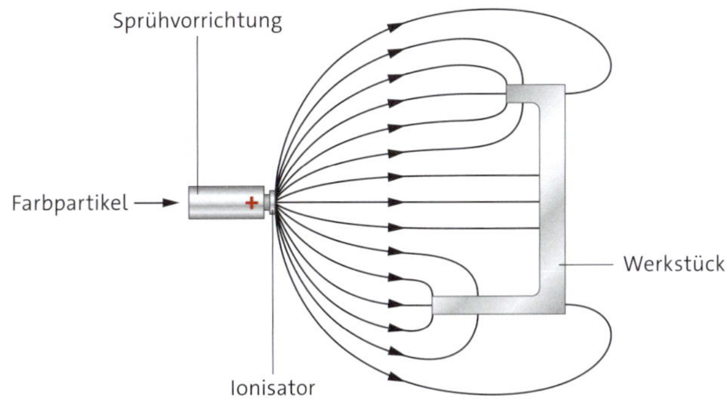

a ☐ Im Ionisator werden die Farbmoleküle, aus denen die Farbpartikel bestehen, zu positiv geladenen Ionen. Beschreibe, was dabei in der Modellvorstellung geschieht.

b ☐ Gib an, um was es sich bei den im Bild eingezeichneten bogenförmigen „Linien" handelt, und erläutere ihre Bedeutung für den Beschichtungsvorgang.

5 Sicherer Aufenthaltsort bei Gewitter

a ◩ In einem Versuch wird gezeigt, dass ein Auto ein sicherer Aufenthaltsort bei Gewitter ist. Beschreibe eine mögliche Versuchsdurchführung, die zu dem gezeigten Ergebnis führt.

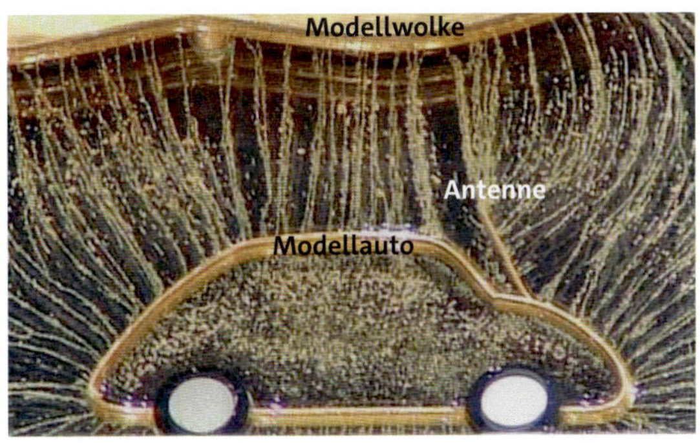

b ◩ Erkläre, wieso Insassen eines Autos bei Gewitter vor den tödlichen Folgen eines Blitzeinschlags geschützt sind.

Elektrische Stromkreise und Sicherungen im Haushaltsstromnetz

1 Merksatz

☐ Vervollständige den Merksatz.

Ein elektrischer Stromkreis ist eine Verknüpfung aus ______________________,

______________________ und ______________________. Damit ein

elektrisches Gerät funktioniert, muss es mit der korrekten ______________________ betrieben

werden. Diese lässt sich anhand der Aufschrift seiner ______________________ erkennen.

2 Schaltpläne zeichnen

◩ Zeichne unter die folgenden Stromkreise den zugehörigen Schaltplan:

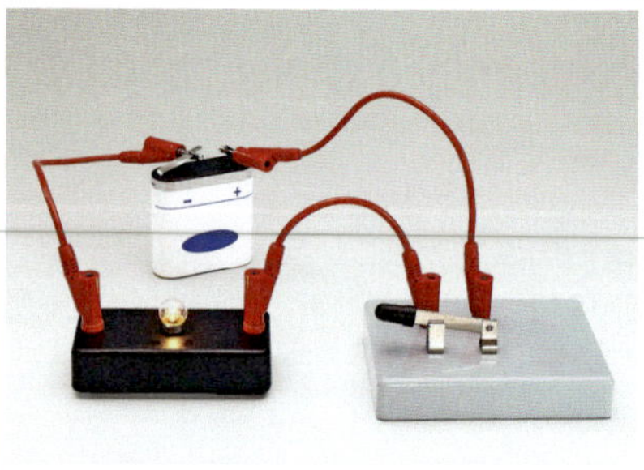

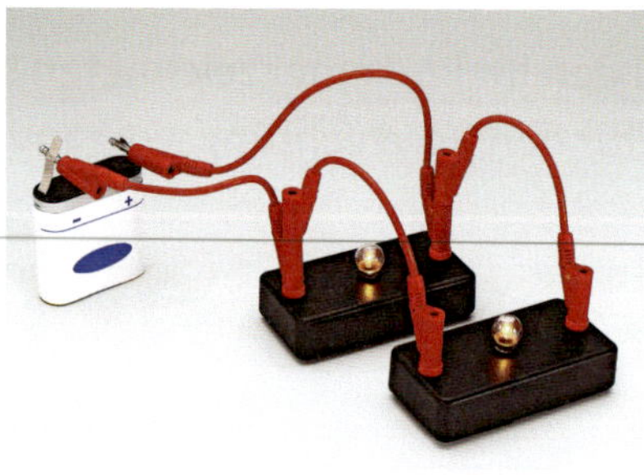

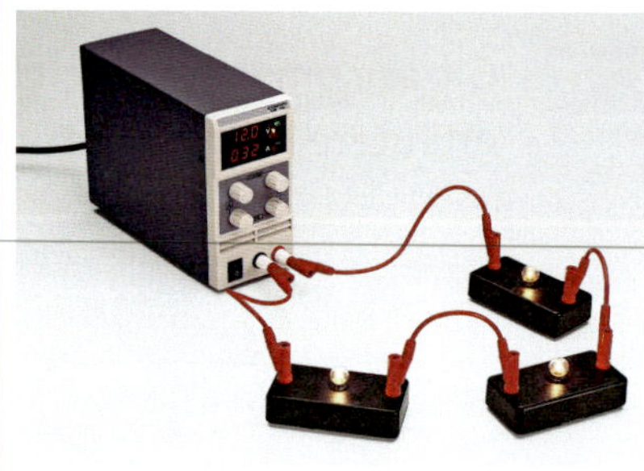

3 Toms Stromkreis

Tom will eine Gartenlampe mit einer Batterie betreiben. Er erstellt dafür den nebenstehenden Schaltplan.

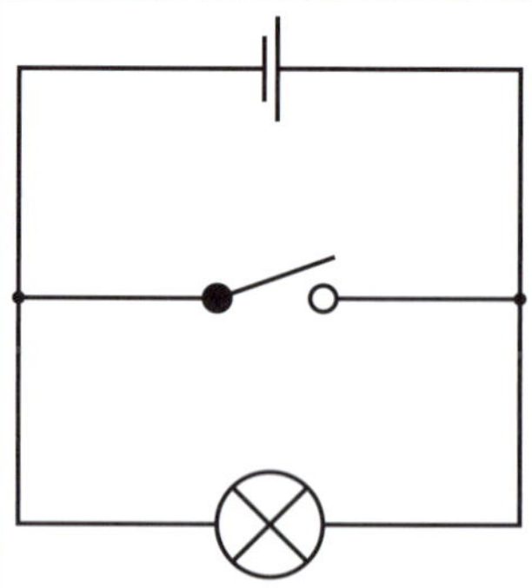

a ◩ Bewerte Toms Stromkreis.

____

____

b ■ Beschreibe, was passiert, wenn Tom den Schalter schließt.

____

____

c ■ Beschreibe, wie du die Schaltung verändern würdest, und erstelle einen neuen Schaltplan unter Toms Plan.

____

____

4 Sicherung des Haushaltsstromnetzes

a □ Benenne die Bauteile in der vereinfachten Darstellung eines Haushaltsstromkreises mit den Fachbegriffen. Ordne anschließend die nebenstehenden Beschreibungen jeweils dem zugehörigen Bauteil zu.

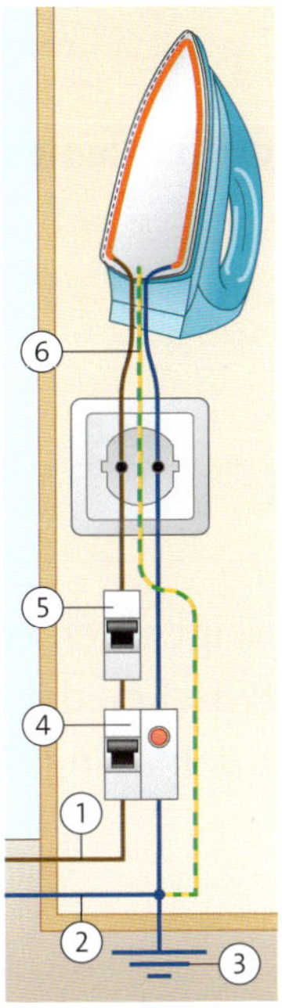

1 ______________________________

2 ______________________________

3 ______________________________

4 ______________________________

5 ______________________________

6 ______________________________

Unterbricht den Stromkreis bei kurzzeitig, hohen Stromstärken (Kurzschluss) und schützt so die Leitungen vor Kabelbrand.

Ist mit dem Metallgehäuse von elektrischen Geräten verbunden und führt bei leitender Berührung des Außenleiters mit dem Metallgehäuse zu einem Kurzschluss.

Unterbricht den Stromkreis, sobald die Stromstärke im Neutral- und Außenleiter voneinander abweichen, und schützt so den Menschen vor der tödlichen Gefahr bei Kontakt mit dem Außenleiter.

b ◩ Erkläre, warum die Situation im nebenstehenden Bild ohne vorhandene Sicherheitseinrichtungen eine lebensbedrohliche Gefahr für den Menschen darstellt.

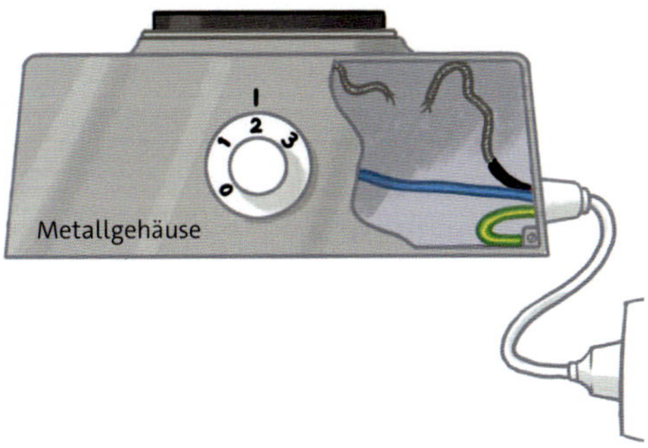

____

____

____

____

____

____

____

____

c ◩ Beschreibe die Sicherheitseinrichtung, die den Menschen vor der Gefahr in Aufgabenteil b schützt.

____

____

____

____

Elektrische Stromstärke

1 Messung der elektrischen Stromstärke

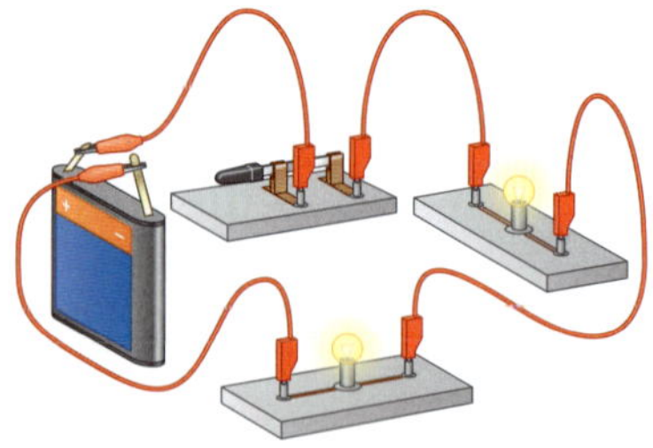

Klara hat den nebenstehenden Stromkreis aufgebaut und möchte die elektrische Stromstärke zwischen den beiden Glühlampen mithilfe eines analogen Stromstärkemessgeräts messen.

a ☐ Erstelle im folgenden Kästchen einen Schaltplan, der zeigt, wie Klara das Stromstärkemessgerät in den Stromkreis einbauen muss. Benenne diese Art der Schaltung.

b ◪ Das korrekt zwischen den Glühlämpchen eingebaute Stromstärkemessgerät zeigt einen Wert von 45 mA an. Klara misst anschließend im gleichen Stromkreis die Stromstärke zwischen der Batterie und einem Lämpchen. Gib an, welche Stromstärke sie messen wird. Begründe deine Angabe mithilfe der Definition der Stromstärke.

2 Rechnen

◪ Berechne die fehlenden Werte in der Tabelle. Notiere in den Kästchen jeweils den vollständigen Rechenweg. Achte im Endergebnis auf die richtige Anzahl gültiger Ziffern.

I	*Q*	*t*
	3,25 C	2,3 s
5,7 A	22,5 C	
78,1 mA		12,1 s

3 **Kaufberatung Elektroauto**

Der Hersteller eines Elektroautos wirbt mit folgenden Angaben:

Akkukapazität: 170 Ah (entspricht 60,0 kWh)

Typische benötigte Ladungsmenge für 100 km: 36,7 Ah

Mittlerer Ladestrom an der Haushaltssteckdose: 10,5 A

Mittlerer Ladestrom an speziellen Stromtankstellen: 341 A

Strompreis für 1 kWh: 28 cent

a Entnimm der Anzeige zunächst alle physikalischen Angaben und notiere sie in der Form: Größensymbol = Zahlenwert · Einheit

b Berechne, wie weit man mit dem Auto bei vollem Akku fahren kann.

c Berechne, wie lange es dauert, den komplett leeren Akku an der Haushaltssteckdose und an einer Stromtankstelle voll aufzuladen.

d Berechne, wie viel eine komplette Akkuladung beim angegebenen „Strompreis“ kostet.

e Formuliere die Angabe des „Strompreises“ so um, dass sie physikalisch sinnvoll ist.

Elektrischer Strom – Wo er fließt und was er macht

1 Merksatz

☐ Vervollständige den Merksatz.

Alle _____________ sind gute elektrische Leiter. Glas, Keramik und Kunststoffe sind _____________. _________________ können sowohl Leiter als auch Nichtleiter sein, wohingegen __________ in der Regel Isolatoren sind. Bei _________________________ können Gase unter bestimmten Voraussetzungen zu Leitern werden. Der menschliche Körper ist ein ___________. Der elektrische Strom hat in metallischen Leitern und Graphit eine starke _____________________, in Flüssigkeiten eine _________________________ und in Gasen eine _____________________. Der elektrische Strom verursacht immer ein ________________, das bei ferromagnetischen Stoffen eine _________________ Kraftwirkung hervorruft.

2 Wirkungen des elektrischen Stroms

a ☐ Nenne jeweils die Wirkung des elektrischen Stroms, die gezeigt ist.

____

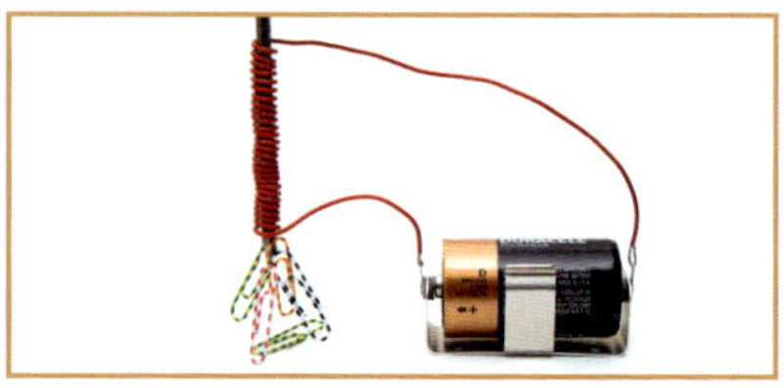

____

____

b ☐ Finde die 6 elektrischen Geräte im Buchstabenrätsel und ordne sie den Wirkungen zu.

E	R	L	W	J	B	K	O	T	H	B	C	N	P
F	V	E	L	E	K	T	R	O	L	Y	S	E	K
K	H	D	U	Z	Q	O	J	A	J	D	V	O	L
P	E	H	E	I	Z	K	I	S	S	E	N	N	S
L	H	E	I	Z	L	Ü	F	T	E	R	W	R	D
I	U	C	K	M	N	T	C	E	D	Z	F	Ö	N
S	C	H	R	O	T	T	K	R	A	N	F	H	Ä
W	E	N	D	S	C	V	J	Ö	P	Q	E	R	I
C	X	M	G	L	I	M	M	L	A	M	P	E	T

Wärmewirkung: _________________________ Magnetische Wirkung: _____________

Leuchtwirkung: ____

3 Untersuchung von Gegenständen auf ihre Leitfähigkeit

In einem Versuch sollen Stoffe, entsprechend der nebenstehenden Skizze, auf ihre elektrische Leitfähigkeit untersucht werden.

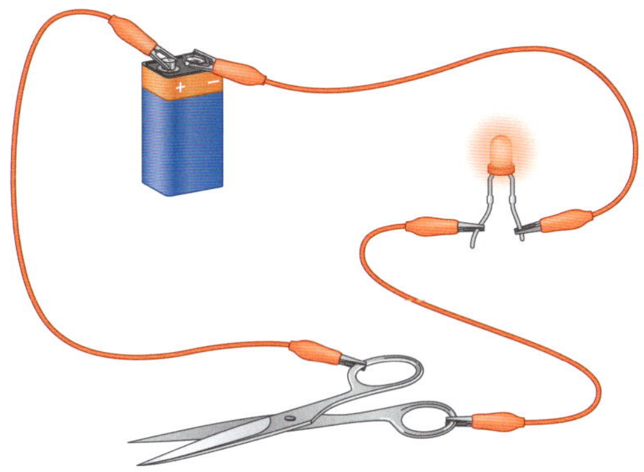

a □ Benenne die im Versuch benötigten Bauteile.

____

____

____

b ◩ Zeichne eine passende Schaltskizze in das nebenstehende Kästchen.

c ◩ Kreuze an, bei welchen Gegenständen die Lampe leuchten wird.

Untersuchter Gegenstand	Lampe leuchtet
Schere	
Radiergummi	
Bleistiftmine	
Alufolie	
Kupfermünze	
Glas mit Salzwasser	
Glas mit Zuckerwasser	

d ■ Entscheide, ob es grundsätzlich möglich ist, dass die Lampe leuchtet, wenn der Stromkreis wie im nebenstehenden Bild geschlossen wird. Begründe deine Anwort.

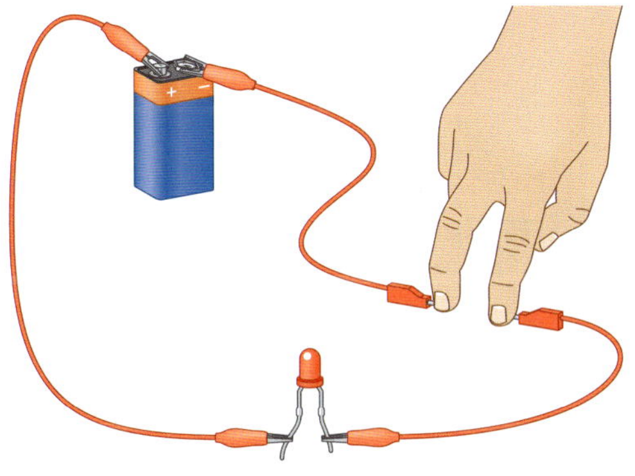

____

____

____

____

4 Haartrockner in Hotels

■ Manche Hotels haben fest eingebaute Haartrockner im Bad. Die Kabel dieser Geräte sind so kurz, dass sie nicht bis zur Badewanne reichen. Begründe die Maßnahme aus physikalischer Sicht.

____

____

____

____

Prüfungsvorbereitung

1 Bauteile eines Stromkreises

☐ Benenne die Bauteile im abgebildeten Stromkreis.

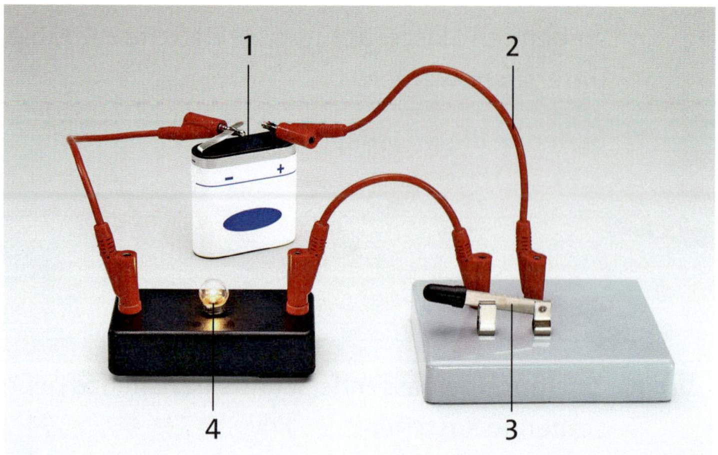

1: ______________________

2: ______________________

3: ______________________

4: ______________________

2 Lebensgefährliche Idee

Das nebenstehende Bild zeigt die Verkabelung von Herrn Lebensmüde für seinen Fernseher im Swimmingpool.

a ■ Erkläre, warum von dieser Situation eine tödliche Gefahr für Herrn Lebensmüde ausgeht und auf keinen Fall nachgemacht werden darf.

____

____

____

____

____

____

b ◩ Beschreibe die Sicherheitseinrichtung, die ihn retten könnte.

____

____

3 Leiter oder Nichtleiter?

☐ Ordne folgende Stoffe in die Tabelle ein:

Eisen • Kupfer • Plastik • Graphit • Keramik • Holz • Sauerstoff • Salzwasser • Zuckerwasser • Blut.

Leiter	Nichtleiter

8 II/III

Newton PLUS

Arbeitsheft

Realschule Bayern
Physik

Lösungen

Cornelsen

Newton PLUS

Autorinnen und Autoren: Martina Flierl-Biederer (Baldham), Felicitas Herdel (Baldham), Markus Volke (München), Martin Zimmer (Höchberg)

Redaktion: Stefanie Pfeifer

Illustration: Gregor Mecklenburg, Matthias Pflügner

Grafik: Walther-Maria Scheid

Layout: Studio SYBERG

Technische Umsetzung: krauß-verlagsservice, Ederheim/Hürnheim

Umschlagsgestaltung: Corinna Babylon

Bildquellenverzeichnis:

Die Seitenzahlen beziehen sich auf das Arbeitsheft.

BRmedia Service GmbH: S. 57; Cornelsen/Gregor Mecklenburg: S. 4, S. 8, S. 9/3, S. 10, S. 14/Sprungbrett, S. 15/3, S. 19, S. 22, S. 23, S. 27/6, S. 30/2, S. 31/3, S. 59/b, S. 64; Cornelsen/Matthias Pflügner: S. 35/5; Cornelsen: Volker Minkus: S. 21, S. 47, S. 54, S. 58, S. 64; Cornelsen/Walther-Maria Scheid: S. 2, S. 5–7, S. 9/5, S. 11, S. 12, S. 14/1+Schaukel, S. 15/4, S. 16, S. 17, S. 20, S. 24, S. 26, S. 27/5, S. 28, S. 29, S. 30/3, S. 31/4+5, S. 32, S. 33, S. 35/3+4, S. 36–49, S. 51, S. 52, S. 54–58, S. 59/a, S. 60, 63; PEFC Deutschland e. V.: S. II (Vorsatz); Science Photo Library: S. 48, Giphotostock: S. 62/Magnet; Shutterstock.com: Alfa Photostudio: S. 62/Bügeleisen, i viewfinder: S. 62/Lampe, tescha555: S. 24; stock.adobe.com: Bildwerk: S. 61, rgvc: S. 53, Sergiogen: S. 50; Studio Syberg: S. I+II (Vorsatz); Thomas Krauß: S. 3–5, S. 7, S. 18, S. 24, S. 25, S. 34, S. 50, S. 56, S. 61

Bei den Lösungen in diesem Einleger handelt es sich um Lösungsvorschläge. In einigen Fällen sind auch andere Lösungsvarianten möglich.

www.cornelsen.de

1. Auflage, 1. Druck 2020

Alle Drucke dieser Auflage sind inhaltlich unverändert und können im Unterricht nebeneinander verwendet werden.

Druck: Athesiadruck GmbH

ISBN: 978-3-637-01491-6

PEFC
PEFC/18-31-166

PEFC zertifiziert
Dieses Produkt stammt aus nachhaltig bewirtschafteten Wäldern und kontrollierten Quellen.
www.pefc.de

Inhalt

Grundlagen des Messens

1 Vorsatzzeichen

a □ Ergänze die Lücken in der folgenden Tabelle:

Vorsatzzeichen	Vorsatzname	Zahlenwert	Zehnerpotenz
m	*Milli*	$\frac{1}{1000}$	10^{-3}
M	*Mega*	1000000	10^{6}
µ	*Mikro*	$\frac{1}{1000000}$	10^{-6}
n	Nano	$\frac{1}{1000000000}$	10^{-9}

b ◩ Ordne die Längenangaben zu und schreibe sie mit Vorsatzzeichen in die letzte Spalte.

Objekt	Längenangabe	mit Vorsatzzeichen
Zelle	$15 \cdot 10^{-6}$ m	*15 µm*
Atom	$53 \cdot 10^{-12}$ m	*53 pm*
Mittlere Entfernung zwischen Erde und Sonne	$0{,}1495 \cdot 10^{12}$ m	*0,1495 Tm*
Mittlerer Durchmesser der Erde	$12{,}74 \cdot 10^{6}$ m	*12,74* Mm

2 Einheiten umwandeln

a ◩ Rechne jeweils in die angegebene Einheit um.

2,6 h = *2,0 · 3 600 s + 0,6 · 3 600 s* = *94 · 10²* s

1,0 h:50 min = *1,0 · 60 min + 50 min* = *11 · 10¹* min

1,5 h = *1,0 · 60 min + 0,5 · 60 min* = *90* min

1,0 h:25 min = *1,0 · 3 600 s + 25 · 60 s* = *51 · 10²* s

b ◩ Ergänze die Lücken.

8,691 m = *8 691* mm = 869,1 *cm*

$57 \cdot 10^{-3}$ m = *57* mm = $57 \cdot 10^{3}$ *µm*

$1{,}25 \cdot 10^{6}$ mm = 1250 *m* = *1,25* km

5,6 ms = *0,0056* s

0,045 s = *45* ms

95 ps = *0,000 000 000 095* s

3 Längenmessgeräte

□ Verbinde die folgenden Messungen jeweils mit dem sinnvollsten Längenmessgerät:

Dicke eines Bleches | Länge eines Tisches | Breite einer Postkarte | Weite beim Kugelstoßen

Gliedermaßstab

Maßband

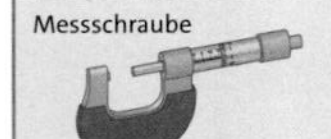
Messschraube

Geodreieck

4 Vermessung des Schulhofs

Sechs Schüler haben jeweils die Länge des Schulhofs gemessen:

Schüler	Micha	Aleyna	Mila	Miro	Tina	Toni
l in m	45,345	44,844	46,446	46,543	45,302	45,784

a □ Gib die Messgenauigkeit der Schulhofmessung und das verwendete Messgerät an.

Es wurde auf mm genau gemessen, vermutlich mit einem Gliedermaßstab.

b ■ Bewerte die Auswahl des Messgeräts und die Messgenauigkeit kritisch.
Gib ein Messgerät mit einer Messgenauigkeit an, die sinnvoller ist.

Die Messgenauigkeit ist für die Vermessung der Länge des Schulhofs zu hoch. Die Messmethode führt zu Abweichungen, die zu groß sind. Es ist sinnvoller, ein Maßband mit einer Messgenauigkeit von 1 cm zu verwenden.

c ◩ Die Schüler wiederholen ihre Messung mit einem anderen Messgerät und erhalten die folgenden Werte:

Schüler	Micha	Aleyna	Mila	Miro	Tina	Toni
l in m	45,64	45,74	45,73	45,70	45,68	45,70

Gib jeweils die Anzahl der sicheren, unsicheren und sinnvollen Ziffern an.

	Sichere Z.	Unsichere Z.	Sinnvolle Z.
Miro hat eine Länge von 45,70 m gemessen.	*3*	*1*	*4*
Mila gibt ihren Wert in der Einheit km an: l = 0,04573 km.	*3*	*1*	*4*
Toni rechnet seinen Messwert in die Einheit dm um und gibt ihn so an: l = 457 dm.	*2*	*1*	*3*

d ■ Bewerte Tonis Angabe kritisch und stelle sie richtig.

Mit der Umwandlung verringert Toni die Messgenauigkeit seines Messwerts von cm-genau auf dm-genau. Er hätte angeben müssen: l = 457,0 dm.

e ◩ Berechne die wahrscheinlichste Länge des Schulhofs.

$$\bar{l} = \frac{(45{,}64 + 45{,}74 + 45{,}73 + 45{,}70 + 45{,}68 + 45{,}70)}{6}\ \text{m}$$

$$\Leftrightarrow \bar{l} = 45{,}70\ \text{m}$$

f ■ Begründe, warum die Angabe $\bar{l}$ = 45,698 m hier physikalisch nicht sinnvoll wäre.

Diese Angabe ist mm genau. Es wurde aber nur auf cm genau gemessen. Die Angabe weicht also von der Messgenauigkeit des verwendeten Messgeräts ab.

Geschwindigkeit

1 Merksatz

☐ Fülle die Lücken so, dass ein sinnvoller Merksatz entsteht.

Eine Bewegung, bei der in gleichen Zeiten gleiche Strecken zurückgelegt werden, nennt man *(geradlinig) gleichförmige Bewegung*. Die Strecke s ist hierbei *direkt proportional* zur Zeit t.

2 Schrecksekunde

Ein Mann fährt mit seinem Auto auf der Straße. Plötzlich sieht er einen Ball über die Fahrbahn rollen. Ein Kind läuft hinterher. Der Mann tritt sofort das Bremspedal zur Vollbremsung durch. Zwischen dem Beobachten des Vorfalls und dem Treten der Bremse ist jedoch bereits eine sogenannte Schrecksekunde ($t = 1{,}0$ s) vergangen.

◪ Berechne, wie weit das Auto in dieser Schrecksekunde gefahren ist, wenn es eine Geschwindigkeit von $50\,\frac{km}{h}$ hatte.

Geg.: $v = 50\,\frac{km}{h}$; $t = 1{,}0\,s$

Ges.: s

$v = \frac{s}{t} \quad |\cdot t$

$s = v \cdot t$

$\Leftrightarrow s = 50\,\frac{km}{h} \cdot 1{,}0\,s$

$\Leftrightarrow s = \frac{50}{3{,}6}\,\frac{m}{s} \cdot 1{,}0\,s$

$\Leftrightarrow s = 14\,m$

Das Auto ist in dieser Schrecksekunde 14 m gefahren.

3 Geschwindigkeiten messen

■ Tina und Stefan wollen wissen, welche Durchschnittsgeschwindigkeit sie beim Ausdauerlauf im Fußball haben. Erkläre, wieso beide mit ihrer Methode die Durchschnittsgeschwindigkeit bestimmen können.

Tina: *Ich gebe dir einen Weg von 50 Metern vor und stoppe mit meiner Stoppuhr, wie lange du dafür brauchst.*

Stefan: *Ich lasse dich 2 Minuten laufen und messe dann mit einem Maßband, wie weit du gelaufen bist.*

Beide haben nach ihrer Messung eine Weg- und eine Zeitangabe. Daraus können sie mit der Formel $v = \frac{s}{t}$ jeweils die Durchschnittsgeschwindigkeit bestimmen.

4 Geschwindigkeiten verstehen

◪ Lydia trainiert auf einem Laufband im Fitnessstudio. Sie hat sich folgende Sachverhalte überlegt. Kreuze an, welche ihrer Aussagen richtig (r) und welche falsch (f) sind.

	Aussagen	r	f
1	Wenn ich bei gleicher Geschwindigkeit dreimal so lange laufe, habe ich die dreifache Strecke zurückgelegt.	X	
2	Wenn ich die doppelte Strecke in gleicher Zeit zurücklege, hat sich meine Geschwindigkeit halbiert.		X
3	Wenn ich die halbe Strecke in der halben Zeit zurücklege, ist meine Geschwindigkeit gleich geblieben.	X	
4	Laufe ich bei halber Geschwindigkeit doppelt so lange, so habe ich dieselbe Strecke zurückgelegt.	X	

5 Personenförderband

In einem Skigebiet befördert ein „Zauberteppich" die Skifahrer den Anfängerhang hinauf. Max möchte die Geschwindigkeit des Zauberteppichs bestimmen. Er misst dazu für verschiedene Zeiten t die zurückgelegte Strecke s und erhält die unten stehenden Messwerte.

a ◪ Ermittle die Geschwindigkeit des Zauberteppichs. Werte dazu die Messwerte rechnerisch aus.

t in s	0	1,0	2,0	3,0	4,0	5,0	6,0	7,0	8,0
s in m	0	0,75	1,4	2,2	3,0	3,8	4,5	5,2	6,1
$\frac{s}{t}$ in $\frac{m}{s}$	–	0,75	0,70	0,73	0,75	0,76	0,75	0,74	0,76

$$\overline{\left(\frac{s}{t}\right)} = \frac{0{,}75 + 0{,}70 + 0{,}73 + 0{,}75 + 0{,}76 + 0{,}75 + 0{,}74 + 0{,}76}{8}\,\frac{m}{s} = 0{,}74\,\frac{m}{s}$$

Der Zauberteppich bewegt sich mit einer Geschwindigkeit von $0{,}74\,\frac{m}{s}$.

b ◪ Stelle die zurückgelegten Strecken s in Abhängigkeit von der Zeit t grafisch dar.

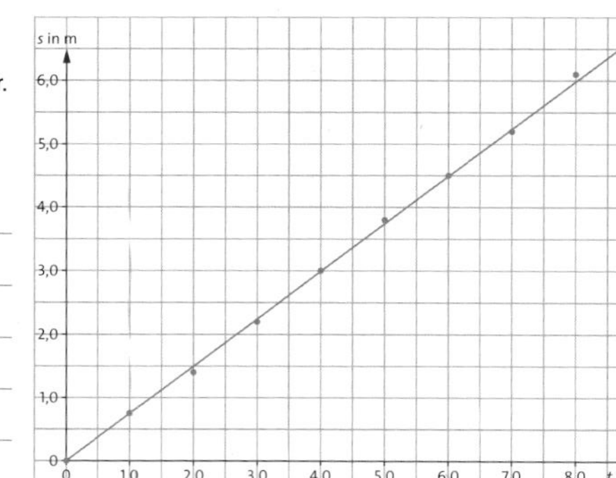

c ☐ Formuliere das Versuchsergebnis, das sich aus dem Diagramm ergibt.

Die Strecke s ist direkt proportional zur Zeit t.

Prüfungsvorbereitung

1 Fadenpendel

Die nebenstehende Grafik zeigt ein Fadenpendel.

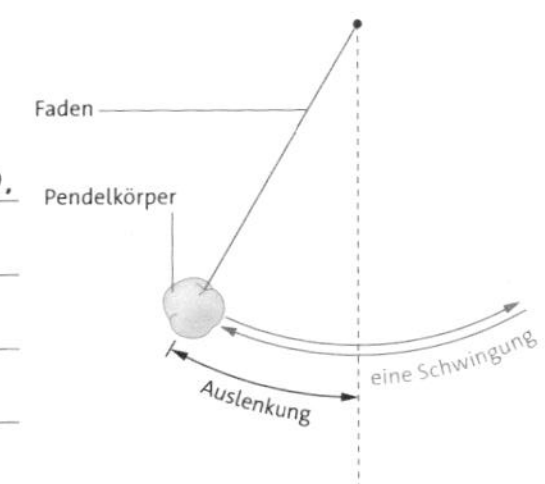

a Gib an, von welchen Größen die Schwingungsdauer abhängt und von welchen nicht.

Die Schwingungsdauer hängt von der Fadenlänge ab. Sie hängt nicht vom Gewicht des Pendelkörpers oder von der größten Auslenkung (Amplitude) ab.

b Du sollst ein Fadenpendel herstellen, mit dem die Zeit in der Einheit Sekunde gemessen werden kann. Beschreibe, wie du vorgehen musst.

Ich lasse ein Fadenpendel bestimmter Länge 10-mal hin- und herschwingen und messe mit einer sekundengenauen Stoppuhr die dafür benötigte Zeit. Die Schwingungsdauer beträgt dann $\frac{1}{10}$ der bestimmten Zeit. Ist diese zu klein, muss die Pendellänge vergrößert, sonst verkleinert werden. Den Vorgang wiederhole ich so lange, bis die Schwingungsdauer genau 1 s beträgt.

2 Zeitmessung

Begründe, warum sich der gezeigte Vorgang dazu eignet, um die Zeit zu messen.

Eine bestimmte Menge Sand braucht immer die gleiche Zeit, um durch die Öffnung einer Sanduhr zu laufen.

3 Schneesturm in New York

Bewerte die Angabe der Schneehöhe im nebenstehenden Zeitungsartikel aus physikalischer Sicht.

> **New York, 12. Januar** · Ein heftiger Schneesturm hat der Stadt eine Schneehöhe in Rekordzeit beschert. Im Central Park lag der Schnee 68,33 Zentimeter hoch. Wegen des Blizzards mussten ...

Die Angabe ist viel zu genau. Die Schneehöhe ist nicht überall gleich und kann nicht auf 0,1 mm genau gemessen werden.

4 Durchmesser eines Tennisballs

Der Durchmesser eines Tennisballs wurde 5-mal so genau wie möglich gemessen:

d in cm	6,33	6,35	6,31	6,34	6,39

a Mit welchem Messgerät wurden die Messungen durchgeführt? Begründe deine Angabe.

Die Messungen wurden mit einem Messschieber durchgeführt. Mit einem Messschieber kann auf 0,1 mm (0,01 cm) genau gemessen werden.

b Berechne den wahrscheinlichsten Durchmesser des Tennisballs.

$$\bar{d} = \frac{(6{,}33 + 6{,}35 + 6{,}31 + 6{,}34 + 6{,}39)}{5}\ \text{cm}$$

$$\Leftrightarrow \bar{d} = 6{,}34\ \text{cm}$$

c Nenne zwei mögliche Gründe für die unterschiedlichen Messwerte.

Die Messbacken des Messschiebers wurden unterschiedlich fest angepresst. Der Durchmesser wurde an verschiedenen Stellen gemessen. Der Tennisball ist nicht genau rund.

5 Längen umrechnen

Gib die jeweilige Längenangabe mit dem in Klammern angegebenen Vorsatzzeichen an.

l = 0,000 340 m (µ): *l = 340 µm*

l = 5 634 cm (k): *l = 0,056 34 km*

$l = 780 \cdot 10^{-9}$ m (n): *l = 780 nm*

l = 0,560 µm (n): *l = 560 nm*

6 *t*-*s*-Diagramm

Das Diagramm zeigt den Zusammenhang zwischen zurückgelegter Strecke und Zeit bei einem Spaziergang. Bestimme mithilfe des Diagramms die mittlere Geschwindigkeit *v* des Spaziergängers.

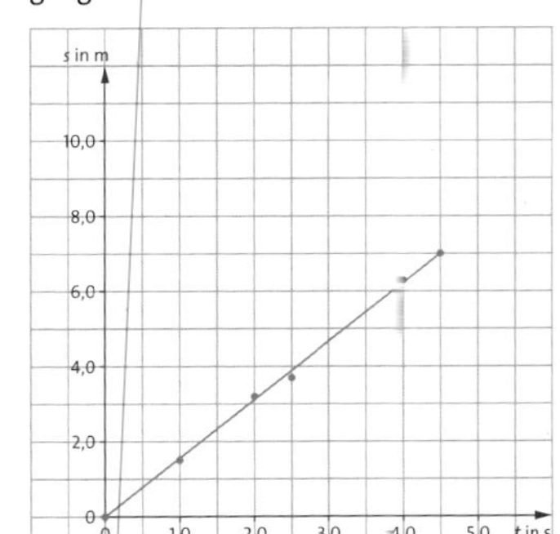

Geg.: $s = 7{,}0\ m$, $t = 4{,}5\ s$ Ges.: v

$$v = \frac{s}{t}$$

$$\Leftrightarrow v = \frac{7{,}0\ m}{4{,}5\ s}$$

$$\Leftrightarrow v = 1{,}6\ \frac{m}{s}$$

Kraft in der Physik

1 Alltagssprache – Fachsprache

a ☐ Unterstreiche alle Begriffe, die Kräfte im physikalischen Sinne meinen.

Waschkraft • Gravitationskraft • Sehkraft • politische Kraft • Arbeitskraft • Gewichtskraft • beschleunigende Kraft • Fachkraft • Durchsetzungskraft

b In der Alltagssprache sagt man: *„Thomas hat Kraft."*
Physikalisch gesehen, kann ein Mensch keine Kraft haben.
Er kann Kräfte ausüben, die auf andere Objekte wirken.
Folgende Aussagen sind physikalisch sinnvoll:

Thomas übt eine Kraft auf den Baumstamm aus.
Die Kraft wirkt auf den Baumstamm: Er wird beschleunigt.

Formuliere physikalisch sinnvolle Aussagen. Halte dabei eine sinnvolle Reihenfolge der auftretenden Kraftwirkungen ein.

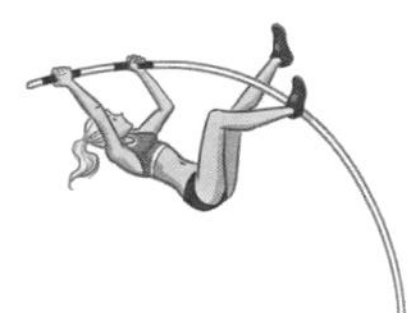

Stabhochspringerin (*Stab*)

Die Stabhochspringerin übt eine Kraft auf den Stab aus.

Die Kraft wirkt auf den *Stab*: Er wird *verformt.*

Tennisspielerin (*Ball*)

Die Tennisspielerin übt eine Kraft auf den Ball aus. Die Kraft wirkt auf den Ball: Er wird abgebremst, verformt, ändert seine Richtung und wird wieder beschleunigt.

Torwart (*Fussball*)

Der Torwart übt eine Kraft auf den Fussball aus. Die Kraft wirkt auf den Ball: Er wird abgebremst und verformt. Falls er den Ball wegstößt, ändert der Ball auch seine Richtung und wird wieder beschleunigt.

2 Die physikalische Größe Kraft

☐ Fülle die Lücken so, dass ein sinnvoller Text entsteht.

Eine Kraft kann man nicht *sehen*. Man kann sie nur an ihren *Wirkungen* erkennen. *Wirkt* eine Kraft auf einen Körper, kann dies beim Körper zu einer Änderung *seines Bewegungszustands* führen: Er kann *beschleunigt* oder *abgebremst* werden oder *seine Richtung* ändern. Auch wenn ein Körper *vorübergehend* oder *dauerhaft* verformt wird, ist die *Ursache* hierfür *eine Kraft*, die diese Wirkungen hervorbringt.

3 Kraft – eine vektorielle Größe

Zeichne qualitativ Kraftpfeile ein, sodass damit die unterschiedlichen Kraftwirkungen auf den Ast dargestellt werden. Achte dazu jeweils auf Position und Länge des Kraftpfeils.

4 Begriffsnetz

Fülle die folgenden Begriffe in die nebenstehenden Lücken, sodass die Beziehung zwischen den Begriffen deutlich wird:

Erde • Gravitationskraft • Gewichtskraft • Mond • Himmelskörper • Schwere.

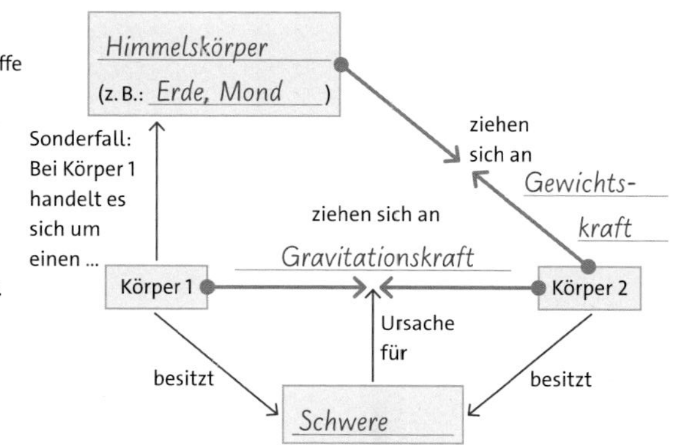

5 Cavendish und die Gravitation

Beschreibe das Experiment von Cavendish mithilfe der Wortliste und der Wörter im Satzbaukasten. Diese Wörter können mehrmals verwendet werden.

Kugeln • Lichtbündel • Spiegel • Faden • Projektionsfläche

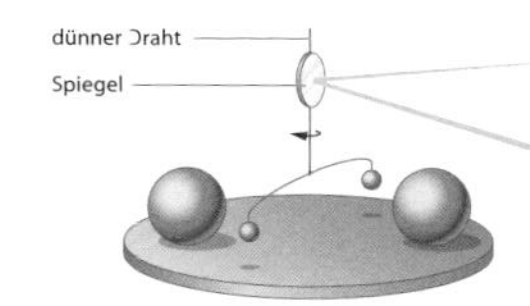

Zuerst	*bringen*		*den ...*	*klein*		
Dann	*bewegen*	*man*	*die ...*	*groß*	*an*	*die ...*
Dabei	*verdrillen*	*sich*	*der ...*	*nahe*	*zu*	*den ...*
Dadurch	*drehen*					

Zuerst bringt man die großen Kugeln nahe an die kleinen Kugeln.
Dann bewegen sich die kleinen Kugeln zu den großen Kugeln.
Dabei verdrillt sich der Faden. Dabei dreht sich der Spiegel.
Dadurch bewegt sich das Lichtbündel.

Trägheit und Masse

1 Jeder Körper ist träge

Begründe die gezeigten Vorgänge mit der Trägheit der jeweiligen Körper. Befülle dazu die Textlücken. Zeichne und beschreibe im freien Kästchen eine weitere Situation, die mit Trägheit zu tun hat, und begründe sie.

Wenn eine Person im Freefall-Tower nach unten fällt, ändert sich ihr momentaner *Bewegungszustand*. Die Haare behalten aufgrund ihrer *Trägheit* ihren ursprünglichen *Bewegungszustand* bei. Der Rest des Körpers bewegt sich deshalb *schneller* nach unten.

Wenn sich die Kinder mit dem Karussell im Kreis drehen, *wird der Bewegungszustand ihres Sitzes geändert. Die Kinder behalten aufgrund ihrer Trägheit ihren ursprünglichen Bewegungszustand bei. Sie werden deshalb gegen die Sitzlehne gedrückt.*

Wenn der Fahrradfahrer mit der vorderen Handbremse bremst, *wird der Bewegungszustand des Vorderreifens geändert. Der hintere Teil des Fahrrads und der Fahrradfahrer behalten aufgrund der Trägheit ihren ursprünglichen Bewegungszustand bei und bewegen sich geradlinig weiter.*

Verschiedene Lösungen

Verschiedene Lösungen

2 Bewegung eines Flugzeugs

An einem fliegenden Flugzeug greifen vier Kräfte an.

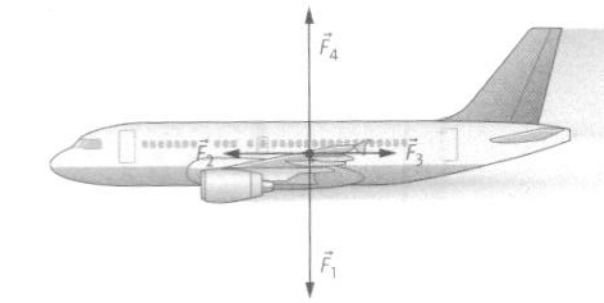

a) Ordne den folgenden Kräften die entsprechende Nummer im Bild zu:

Antriebskraft: $\vec{F}_2$ Auftriebskraft: $\vec{F}_4$

Gewichtskraft: $\vec{F}_1$ Luftwiderstandskraft: $\vec{F}_3$

b) Beschreibe die Bewegung des Flugzeugs und begründe diese mit dem Trägheitssatz.

Das Flugzeug führt eine geradlinig gleichförmige Bewegung aus, da sich alle Kräfte im Gleichgewicht befinden und keine resultierenden Kräfte am Flugzeug angreifen.

3 Umwandlung von Einheiten

Ergänze die Lücken.

5,6 mg = *0,0056* g

8 691 g = *8,691* kg = 0,008 691 *t*

1894 mg = *1,894* g = *0,001894* kg

$57 \cdot 10^{-3}$ *t* = 57 kg = $57 \cdot 10^3$ *g*

300 mg = *0,300* g = *0,300* $\cdot 10^{-3}$ kg

50 mg = *0,050* g = $0{,}050 \cdot 10^{-3}$ kg = $50 \cdot 10^{-6}$ kg

4 Zwei Wagen

Zwei Wagen werden unterschiedlich schwer beladen. Eine Schraubenfeder wird mithilfe von Bremsklötzen zwischen die Wagen gespannt.

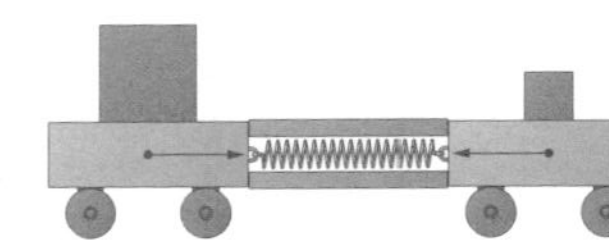

a) Trage in das Bild die Kraftpfeile für die Kräfte ein, die die Feder auf die beiden Wagen ausübt. Was kann über den Betrag der Kräfte ausgesagt werden?

Der Betrag der Kräfte ist gleich.

b) Kreuze an, was passiert, wenn man die Bremsklötze entfernt.

- ○ Beide Wagen bewegen sich mit gleicher Geschwindigkeit.
- ○ Der Wagen mit der größeren Masse bewegt sich mit größerer Geschwindigkeit.
- ☒ Der Wagen mit der kleineren Masse bewegt sich mit größerer Geschwindigkeit.

c) Begründe deine Entscheidung aus Aufgabenteil b.

Der Wagen mit der größeren Masse ist träger als der Wagen mit der kleineren Masse. Das heißt, dass sein Bewegungszustand durch dieselbe Kraft nicht so stark geändert wird.

Kraftmessung und Ortsfaktor

1 Größe oder Einheit?

a ☐ Umrande alle Größensymbole in Rot und alle Einheitensymbole in Grün (Dopplungen möglich).

g – F – m – l – s – N – t

b ☐ Benenne alle Größen und Einheiten.

Größen: *g: Ortsfaktor, F: Kraft, m: Masse, l: Länge, s: Strecke, t: Zeit*

Einheiten: *g: Gramm, m: Meter, s: Sekunde, N: Newton, t: Tonne*

2 Rund um den Federkraftmesser

a ☐ Beschrifte die Bestandteile der Grafik.

b ☑ Beschreibe und begründe die Bedeutung von Bauteil 3.

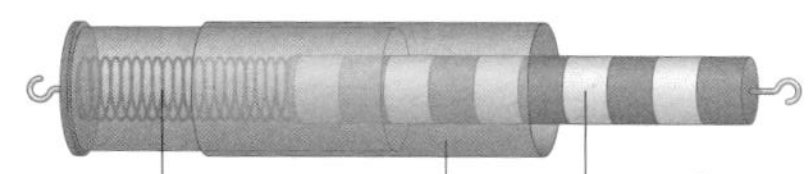

Dieses Bauteil dient dazu, den Kraftmesser auf null zu stellen. Dies ist nötig, weil sich die Feder, je nachdem wie man den Kraftmesser hält (waagrecht, senkrecht, schräg), unterschiedlich weit ausdehnt, auch ohne dass eine Kraft gemessen wird.

c ☑ Lies den am Kraftmesser angezeigten Wert für den Betrag der Kraft ab. Überlege jedes Mal, wie groß der Betrag der Kraftänderung zwischen zwei Teilstrichen ist.

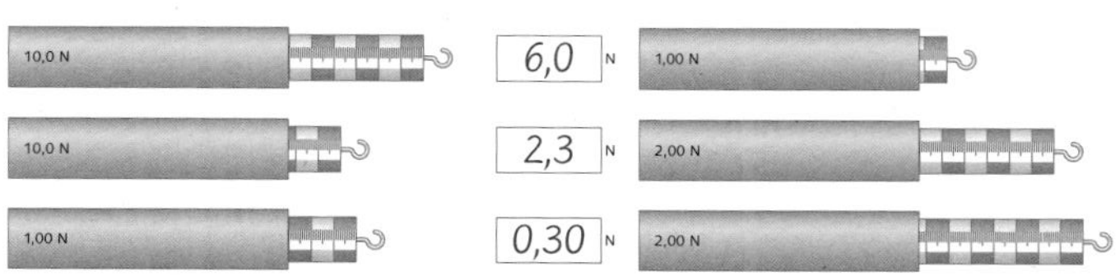

6,0 N	*0,12* N
2,3 N	*1,20* N
0,30 N	*1,46* N

3 Richtig oder falsch? – Gewichtskraft und Masse

☐ Kreuze jeweils an, ob die Aussage richtig (r) oder falsch (f) ist.

	Aussage	r	f
1	Gewichtskraft und Masse eines Körpers sind gleich.		×
2	Die Gewichtskraft eines Körpers auf der Erde beträgt ca. 600 N, wenn der Körper auf der Erde eine Masse von 60 kg besitzt.	×	
3	Die Quotienten aus Gewichtskraft und Masse verschiedener Körper sind an einem Ort gleich.	×	
4	Der Quotient aus Gewichtskraft und Masse eines Körpers ist an jedem Ort gleich.		×

4 Rechnen

☑ Berechne die fehlenden Werte in der Tabelle. Notiere in den Kästchen jeweils den vollständigen Rechenweg.

F_G	m	g
$F_G = m \cdot g$ $\Leftrightarrow F_G = 0{,}065\,kg \cdot 19{,}81\,\frac{N}{kg}$ $\Leftrightarrow F_G = 1{,}3\,N$	65 g	$19{,}81\,\frac{N}{kg}$
491 N	125 kg	$g = \frac{F_G}{m}$ $\Leftrightarrow g = \frac{491\,N}{125\,kg}$ $\Leftrightarrow g = 3{,}93\,\frac{N}{kg}$
564 kN	$m = \frac{F_G}{g}$ $\Leftrightarrow m = \frac{564 \cdot 10^3\,N}{1{,}62\,\frac{N}{kg}}$ $\Leftrightarrow m = 348 \cdot 10^3\,kg$	$1{,}62\,\frac{N}{kg}$

5 Sätze bilden

☑ Nutze alle Wortfelder, um sinnvolle Definitionen und Aussagen zu formulieren.

Newton | *Gewichtskraft* | *Körper erfahren* | *Kilogramm* | *ortsunabhängig* | *Waage* | *Masse* | *Schwere* | *Kraft* | *Federkraftmesser* | *Trägheit* | *anziehenden* | *Körpereigenschaften* | *Körper besitzen* | *Gravitationskraft* | *ortsabhängig*

Körper besitzen eine bestimmte Masse. Die Masse wird mit Waagen gemessen und in Kilogramm angegeben.

Körper können eine Kraft erfahren. Die Kraft wird mit Federkraftmessern gemessen und in Newton angegeben.

Die Masse beschreibt die beiden ortsunabhängigen Körpereigenschaften Schwere und Trägheit.

Die Schwere ist die Ursache für die anziehenden Gravitationskräfte.

Die Gewichtskraft ist eine ortsabhängige Größe.

Wechselwirkungskräfte und Kräftegleichgewicht

1 Wechselwirkungskräfte oder Gleichgewichtskräfte?

a □ Kreuze an, ob es sich in den folgenden Situationen jeweils um Wechselwirkungskräfte oder Gleichgewichtskräfte handelt, und begründe deine Angabe.

Der Kunststoffstab übt die Kraft $\vec{F}_{Stab}$ auf den Wasserstrahl aus. Der Wasserstrahl übt die Kraft $\vec{F}_{Wasser}$ auf den Kunststoffstab aus.

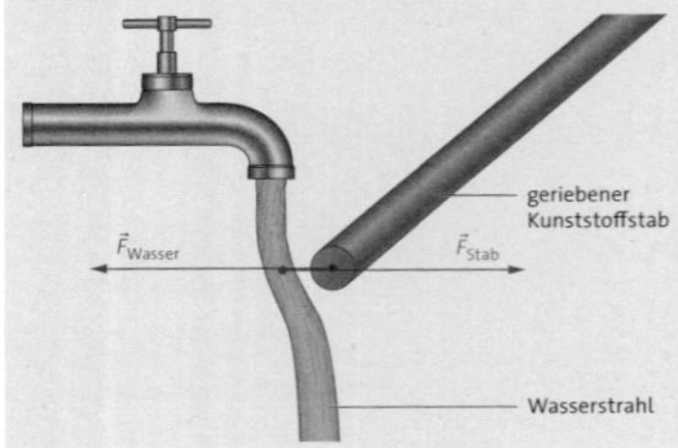

☒ Wechselwirkungskräfte

○ Gleichgewichtskräfte

Begründung: *Die Kräfte greifen an zwei Körpern an. Sie sind betragsgleich und entgegengesetzt gerichtet.*

Der Stein wird mit gleichbleibender Geschwindigkeit nach oben bewegt. Der Kran übt dabei eine Haltekraft $\vec{F}_{Halte}$ auf den Stein aus. Die Erde übt eine Gewichtskraft $\vec{F}_G$ auf den Stein aus.

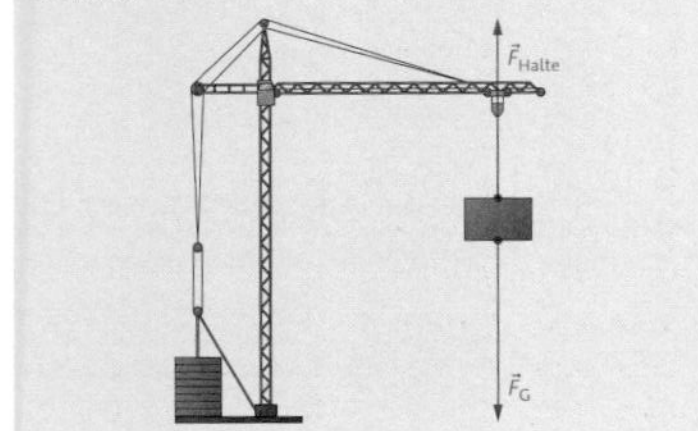

○ Wechselwirkungskräfte

☒ Gleichgewichtskräfte

Begründung: *Die Kräfte greifen am selben Körper an. Sie sind betragsgleich und entgegengesetzt gerichtet.*

b ◩ Zeichne jeweils die beiden Kraftpfeile in die Bilder ein.

2 Kräftegleichgewicht

■ Die gezeigten Körper befinden sich in Ruhe. Ergänze jeweils die zweite Kraft, mit der sich die eingezeichnete Kraft im Gleichgewicht befindet. Befülle die Lücken so, dass hervorgeht, welcher Körper die von dir eingezeichnete Kraft ausübt und an welchem Körper sie angreift.

Das Sprungbrett übt die Kraft aus.

Die Kraft greift an *der Person* an.

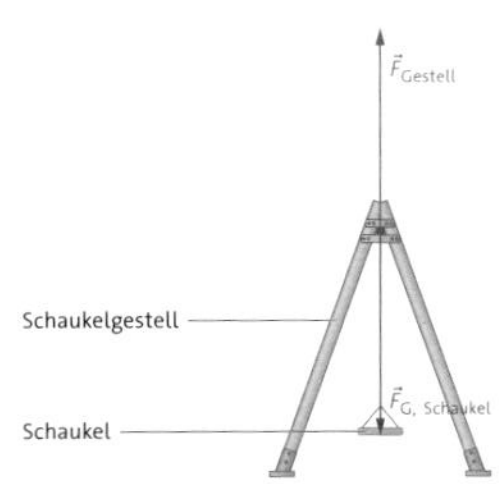

Die Erde / Die Schaukel übt die Kraft aus. Die Kraft greift an *dem Aufhängepunkt der Schaukel* an.

3 Wechselwirkungsprinzip

◩ Zeichne die fehlenden Wechselwirkungskräfte ein. Befülle die Lücken im Text so, dass deutlich wird, wodurch sich der jeweilige Körper im Bild bewegt.

Das Wasser übt eine Kraft auf *die Schwimmerin* aus, sodass sich diese fortbewegt.

Die Straße übt eine Kraft auf *das Auto* aus, sodass es abgebremst wird.

4 Federdruckpistole

In einer Federdruckpistole ist eine Schraubenfeder so gespannt, dass sie von links eine Kraft auf eine Kugel ausübt. Der Abzugshebel übt eine Kraft von rechts auf die Kugel aus. Michael hat das Kräftegleichgewicht wie folgt dargestellt:

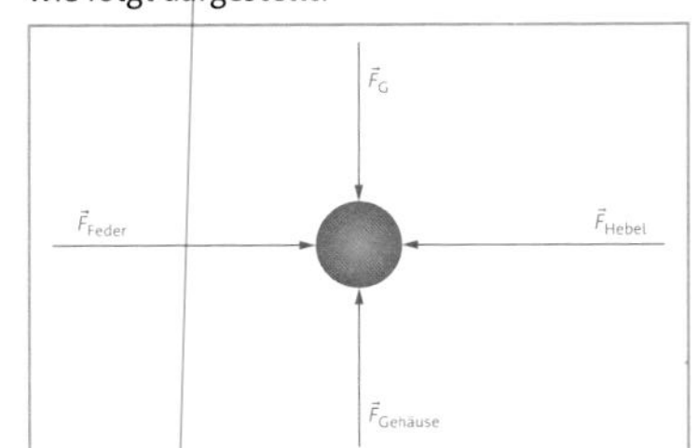

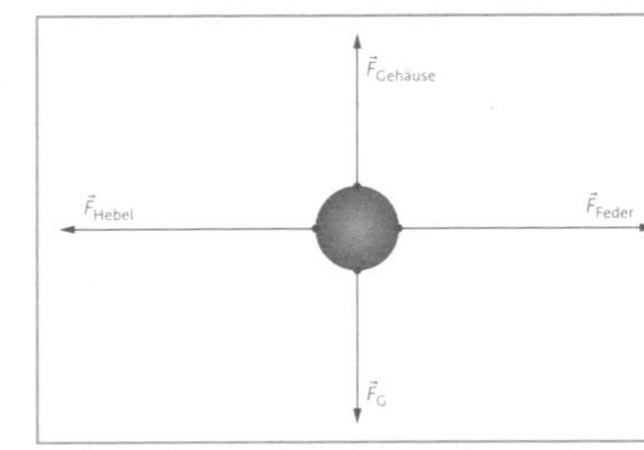

a ◩ Beschreibe, was Michael falsch gemacht hat.

Die Kraftpfeile greifen nicht am Körper an, auf den die Kräfte wirken.

b ◩ Erstelle eine neue Zeichnung, in der die Kräfte richtig eingezeichnet sind.

c ■ Betätigt man den Hebel, fliegt die Kugel heraus. Die Bewegung der Kugel wurde in zwei Phasen unterteilt. Zeichne jeweils qualitativ die Kraftpfeile aller Kräfte ein, die auf die Kugel wirken.

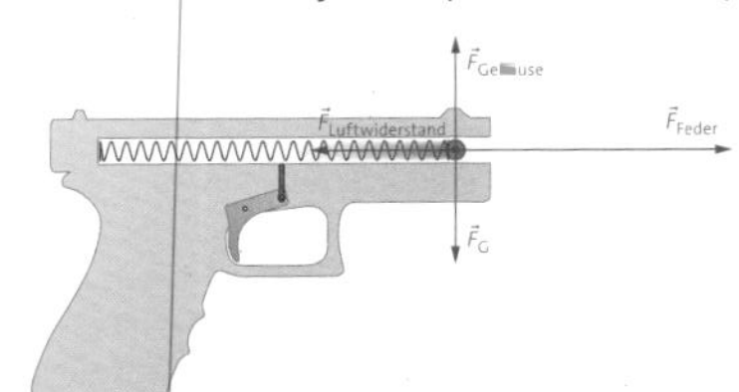

Die Kugel bewegt sich nach rechts und wird immer schneller.

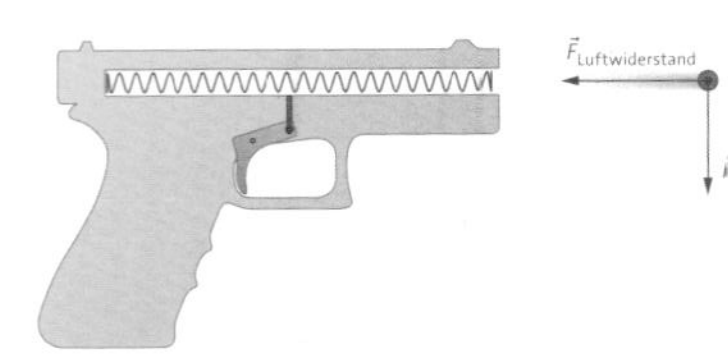

Die Kugel bewegt sich nach rechts und Richtung Boden.

Gesetz von Hooke

1 Verformungen

☐ Fülle die Lücken so, dass ein sinnvoller Text entsteht.

Eine Verformung, bei der ein Körper nach *Krafteinwirkung* wieder in seine ursprüngliche *Form* zurückkehrt, nennt man *elastische* Verformung. Von einer *plastischen* Verformung spricht man, wenn ein Körper nach *Einwirken einer Kraft* dauerhaft verformt ist. Dabei wird seine ursprüngliche Form *zerstört*.

2 Bungee-Jumping im Kinderzimmer

Anna lässt ihre Puppe einen Bungee-Jumping-Sprung von ihrem Hochbett ausführen. Aus dem Nähkästchen ihrer Mutter nimmt sie ein Gummiband, das sie am Fuß ihrer Puppe befestigt. Das Gummiband ist zu Beginn 0,35 m lang. Nach dem Sprung stellt Anna fest, dass das Gummiband nun länger ist, als es vor dem Sprung war. Gib zwei mögliche Gründe dafür an, indem du die folgenden Sätze vervollständigst:

1. Mögliche Ursache: Das Gummiband war von Anfang an *kein* elastischer Körper. Deshalb wurde es durch die Krafteinwirkung *dauerhaft verformt*.
2. Mögliche Ursache: Durch die *Krafteinwirkung* beim Sprung wurde das Gummiband über seinen *Elastizitätsbereich* gedehnt. Deshalb wurde es *dauerhaft verformt*.

3 Zerreißprobe

In der Technik werden neu hergestellte Werkstoffe in einer Zerreißprobe auf ihre Belastbarkeit geprüft. Aus dem zu prüfenden Material wird dazu ein Probestab gefertigt. Auf den Stab wird dann eine Kraft ausgeübt, die ihn auseinanderzieht. Diese Kraft wird so lange erhöht, bis der Stab reißt. Ein Computer zeichnet den Zusammenhang zwischen der einwirkenden Kraft und der Längenänderung des Probestabs auf. Für einen Stahlstab ergibt sich das nebenstehende Diagramm.

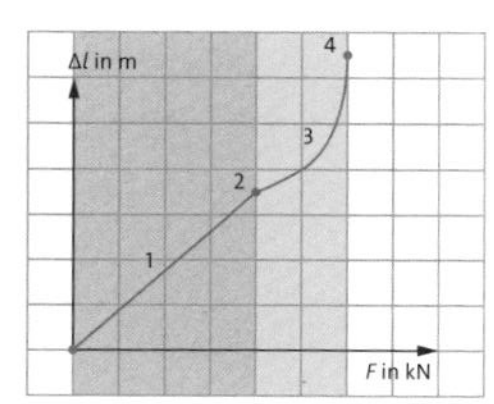

Beschreibe die gekennzeichneten Abschnitte des Diagramms (1–4) unter Verwendung der Fachbegriffe.

1: *Die einwirkende Kraft ist direkt proportional zur Längenänderung des Stahlstabs. Es gilt das Gesetz von Hooke. Der Stab wird elastisch verformt.*

2: *Hier ist die Grenze des Elastizitätsbereichs des Stahlstabs erreicht.*

3: *Es wirkt ein zu großer Kraftbetrag auf den Stab ein und verformt ihn dauerhaft. Seine ursprüngliche Form wird zerstört.*

4: *Der Stab zerreißt.*

4 Kraftmesser

Max will in einem Diagramm den Zusammenhang zwischen der einwirkenden Kraft F und der Längenänderung Δl bei einem Kraftmesser darstellen.
Er erhält folgende Messtabelle:

F in N	1,0	4,0	7,0	10,0
Δl in cm	0,5	2,0	3,6	4,9

a) Hilf Max und erstelle anhand dieser Messwerte das Diagramm für die verwendete Schraubenfeder.

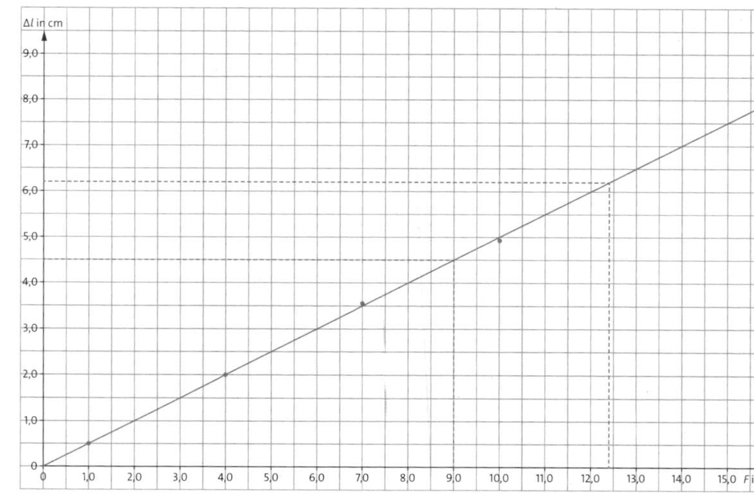

b) ☐ Lies im Diagramm ab, um wie viele Zentimeter die Schraubenfeder des Kraftmessers gedehnt wird, wenn die einwirkende Kraft 9,0 N beträgt. Gib die Längenänderung an.

Δl = 4,5 cm

c) Bei maximal möglicher Dehnung der Schraubenfeder ragt die Anzeige am Kraftmesser um 6,2 cm heraus. Lies im Diagramm ab, welche größtmögliche Kraft mit diesem Messgerät gemessen werden kann. Gib den Messbereich des Kraftmessers an.

Messbereich: 0,0 N bis 12,4 N

d) Max überlegt, an den Kraftmesser ein Massestück zu hängen, das eine Gewichtskraft von F_G = 18 N erfährt. Erkläre mit eigenen Worten, wieso du davon abrätst. Verwende dabei folgende Begriffe: *zerstören • Elastizitätsbereich • plastische Verformung.*

Würde Max den 18-N-Körper an den Kraftmesser hängen, würde er ihn zerstören. Bei Überschreitung des Elastizitätsbereichs kommt es zu einer plastischen Verformung der Schraubenfeder des Kraftmessers.

Prüfungsvorbereitung

1 Sport auf dem Mond

a) Seit einigen Jahren gibt es Bestrebungen, einen bemannten Raumflug zum Mars zu unternehmen. Der Mond soll vorläufig als „Trainingsgebiet" für Menschen und Technologien dienen. Recherchiere, warum für einen Langzeitaufenthalt auf dem Mond die Einrichtung einer Art von Fitnessstudio erforderlich ist.

Auf dem Mond wirkt auf einen Menschen eine geringere Gewichtskraft, als auf der Erde. Dies würde ohne Gegenmaßnahmen zu einem Muskelabbau führen, der die Gesundheit beeinträchtigen würde.

b) Im Alltag wird häufig vom „Gewicht" eines Gegenstandes gesprochen. Gib an, welche zwei Größen mit diesem Begriff in der Physik gemeint sein können.

Damit kann zum einen die Masse des Gegenstands gemeint sein oder seine Gewichtskraft.

c) Auf der Erde trainieren Menschen häufig an Fitnessgeräten, an denen sie „Gewichte" hochheben. Beschreibe, was an einem solchen Gerät anders sein müsste, wenn es auf dem Mond eingesetzt und bei gleicher Trainingsdauer derselbe Trainingseffekt wie auf der Erde erreicht werden soll.

Die Masse der „Gewichte" müsste auf dem Mond etwa sechs Mal größer sein, als auf der Erde.

d) Beim Kugelstoßen der Männer werden Kugeln mit der Masse 7,257 kg verwendet. Berechne die Gewichtskraft, die eine solche Kugel auf der Erde bzw. auf dem Mond erfährt.

Geg.: $m = 7{,}257\ kg$; $g_{Erde} = 9{,}81\ \frac{N}{kg}$; $g_{Mond} = 1{,}62\ \frac{N}{kg}$

Ges.: $F_{G,\,Erde}$ und $F_{G,\,Mond}$

$F_{G,\,Erde} = m \cdot g_{Erde}$ | $F_{G,\,Mond} = m \cdot g_{Mond}$

$\Leftrightarrow F_{G,\,Erde} = 7{,}257\ kg \cdot 9{,}81\ \frac{N}{kg}$ | $\Leftrightarrow F_{G,\,Mond} = 7{,}257\ kg \cdot 1{,}62\ \frac{N}{kg}$

$\Leftrightarrow F_{G,\,Erde} = 71{,}2\ N$ | $\Leftrightarrow F_{G,\,Mond} = 11{,}8\ N$

Die Gewichtskraft, die auf die Kugel wirkt, beträgt auf der Erde 71,2 N und auf dem Mond 11,8 N.

e) Wenn man einen Ball auf dem Mond fängt, braucht man zum Abbremsen des Balls die gleiche Kraft wie auf der Erde, wenn er in beiden Fällen die gleiche Geschwindigkeit hat. Begründe dies.

Auf dem Mond sind die Masse und damit die Trägheit des Balls genauso groß wie auf der Erde. Um seinen Bewegungszustand zu ändern, ist also auf dem Mond dieselbe Kraft erforderlich wie auf der Erde. Infolgedessen ist dieselbe Kraft erforderlich, um den Ball auf dem Mond abzubremsen, wie auf der Erde.

2 Sicherheitseinrichtungen im Auto

Das Bild zeigt eine gefährliche Situation im Straßenverkehr: Ein Auto A fährt auf ein stehendes Auto B auf.

a) Begründe jeweils mithilfe des Trägheitssatzes, warum die Situation für die Insassen in Auto A und B gefährlich ist.

Auto A: *Wenn das Auto schlagartig stoppt, wirken auf das Auto große Kräfte. Auf einen nicht angeschnallten Fahrer wirken diese Kräfte nicht, daher würde sich dieser aufgrund seiner Trägheit genauso weiterbewegen wie zuvor und auf das Lenkrad prallen oder durch die Scheibe fliegen.*

Auto B: *Wenn auf das Auto ein anderes aufprallt, wirken große Kräfte. Auf den Kopf des Insassen wirken diese Kräfte nicht. Aufgrund seiner Trägheit bleibt der Kopf in Ruhe. Da er über die Wirbelsäule mit dem Körper verbunden ist, kommt es zu einer starken Dehnung nach hinten.*

b) Nenne jeweils die Sicherheitseinrichtungen, mit denen sich die Autoinsassen vor den negativen Folgen der Trägheit schützen können.

Auto A: *Anschnallgurt* Auto B: *Nackenstütze*

3 Kräfte beim Radfahren

An Alina greifen beim Radfahren vier Kräfte an.

a) Ordne die Kräfte mithilfe der Abbildung zu:

- Gewichtskraft von Alina — F_3
- Antriebskraft — F_2
- Kraft, die die Straße ausübt — F_1
- Reibungskraft — F_4

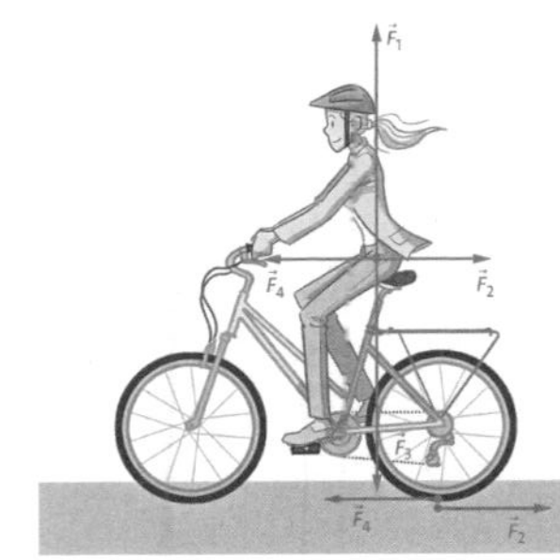

b) Zeichne die Kraftpfeile der Antriebs- und Reibungskraft erneut so ein, dass sich ihre Angriffspunkte dort befinden, wo sie tatsächlich angreifen. (Es gibt zwei Möglichkeiten.)

c) Beschreibe die Bewegung, die Alina ausführt, und begründe deine Aussage.

Sie führt eine geradlinig gleichförmige Bewegung aus, weil sich alle Kräfte im Gleichgewicht befinden.

d) Beschreibe die Bewegung, wenn der Betrag der Kraft $\vec{F}_2$ größer als der von $\vec{F}_4$ wäre.

Sie würde langsamer werden.

Aggregatzustände und Teilchenmodell

1 Aggregatzustände von Wasser

☐ Befülle das Schaubild und die Tabelle mit den folgenden Begriffen:

Abkühlen (2×) • Erwärmen (2×) • fest • gasförmig • flüssig • 0 °C bis 100 °C • keine Form • kaum veränderbar • Erstarren • Schmelzen • kleiner als 0 °C • leicht veränderbar • nicht veränderbar • veränderbare Form • Verdampfen • feste Form • Kondensieren • größer als 100 °C.

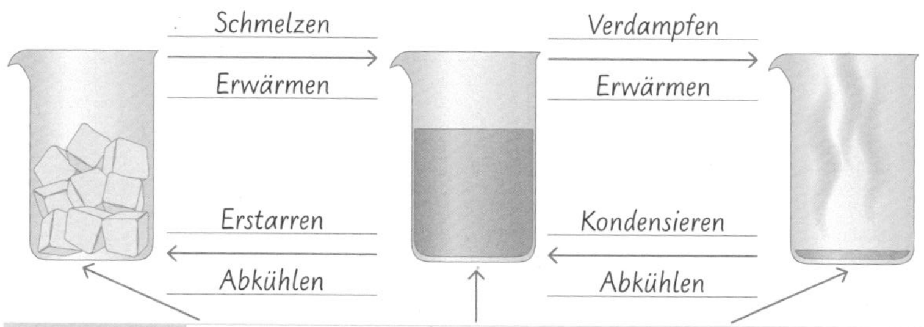

Aggregatzustand	*fest*	*flüssig*	*gasförmig*
Volumen	*nicht veränderbar*	*kaum veränderbar*	*leicht veränderbar*
Form	*feste Form*	*veränderbare Form*	*keine Form*
Temperatur	*kleiner als 0 °C*	*0 °C bis 100 °C*	*größer als 100 °C*

2 Aussagen korrigieren

■ Die folgenden Aussagen sind falsch. Unterstreiche jeweils die Satzteile, die falsch sind. Schreibe den Satz dann so um, dass die Aussage richtig wird.

Je höher die Temperatur eines Körpers ist, desto größer ist die Temperatur seiner Teilchen.

Je höher die Temperatur eines Körpers ist, desto schneller bewegen sich seine Teilchen im Mittel.

Wenn Zucker in Wasser aufgelöst wird, werden die Zuckerteilchen flüssig.

Wenn Zucker in Wasser aufgelöst wird, dann verteilen sich die Zuckerteilchen zwischen den Wasserteilchen.

Zwischen den Eisenteilchen eines Eisennagels befindet sich Luft.

Zwischen den Eisenteilchen eines Eisennagels befindet sich nichts.

3 Auflösung

Zwei Stücke Kandiszucker wurden zeitgleich jeweils in ein Becherglas mit Wasser gegeben. Die Temperatur des Wassers im rechten Glas war höher als im linken Glas.

nach 3 min	nach 10 min	nach 35 min

a ☐ Beschreibe die Beobachtung mithilfe der Bilder.

Der Zucker löst sich im Wasser mit der höheren Temperatur schneller.

b ◩ Ergänze die Lücken so, dass der Text die Beobachtung im Teilchenmodell erklärt.

Kandiszucker und Wasser bestehen aus unterschiedlichen, aber unter sich gleichen *Teilchen*. Die *Wasserteilchen* sind in ständiger *Bewegung* und ändern andauernd ihren *Platz*. Dadurch lösen sie die *Zuckerteilchen* aus dem Kandisblock heraus. Diese *verteilen* sich zwischen den *Wasserteilchen*. Die Vorgänge laufen im Wasser mit der *höheren* Temperatur schneller ab, weil sich dort die Teilchen *schneller bewegen.*

4 Teilchenmodell

a ◩ Wenn man Parfüm an eine Stelle träufelt, dann ist es nach einer Zeit im ganzen Raum zu riechen. Erkläre dieses Phänomen mithilfe des Teilchenmodells.

Wenn man einige Tropfen Parfüm an eine Stelle im Raum tropft, verdampft das Parfüm. Die Parfümteilchen verlassen dabei die Flüssigkeit und befinden sich dann in der Luft. Die Luftteilchen sind in ständiger Bewegung und „stoßen" gegen die Parfümteilchen. So werden die Parfümteilchen im Raum verteilt.

b ◩ Wenn du Wasser in ein Gefäß gibst, passt es sich der Gefäßform an. Ein Stück Holz macht das nicht. Erkläre die Beobachtung im Teilchenmodell.

In einer Flüssigkeit sind die Teilchen nicht an feste Orte gebunden. Dementsprechend kann sich die Flüssigkeit an die Gefäßform anpassen. In einem Festkörper befinden sich die Teilchen an festen Plätzen und können nicht gegeneinander verschoben werden.

c ■ Erkläre an einem Beispiel, warum das Teilchenmodell Grenzen hat.

Mit dem Teilchenmodell kann man nur bestimmte Beobachtungen oder Phänomene erklären. Mit dem Teilchenmodell kann zum Beispiel nicht die Farbe von Stoffen erklärt werden.

Reibung

1 Reibung am Fahrrad

Beim Fahrradfahren tritt an verschiedenen Stellen Reibung auf.

a ◩ Ordne zu, welche Reibungsart an den Stellen 1–6 jeweils vorliegt.

- ①Reibung zwischen Händen und Lenker → Haftreibung
- 2. Reibung in den Lagern der Räder → Rollreibung
- ③Reibung zwischen Füßen und Pedalen → Haftreibung
- 4. Reibung zwischen Kette und Zahnrädern → Gleitreibung
- ⑤Reibung zwischen Bremsklotz und Reifenfelge → Gleitreibung
- 6. Reibung zwischen Reifen und Fahrbahn → Rollreibung

Haftreibung | Gleitreibung | Rollreibung

b □ Welche der aufgelisteten Reibungen sind ausschließlich erwünscht? Umrande ihre Nummern.

c ◩ Nenne Maßnahmen, wie man die unerwünschten Reibungen jeweils verringern kann.

2: Kugellager verwenden, ölen oder einfetten

4: Ketten gut reinigen und ölen; 6: Reifen gut aufpumpen

2 Beschaffenheiten der Fahrbahn

a □ Ein Fahrradfahrer bremst sein Rad auf verschiedenen Fahrbahndecken. Ordne den Bremswegen jeweils die verschiedenen Fahrbahndecken zu.

b ■ Bei nasser Fahrbahn bremst man besser, wenn man eine „Stotterbremsung" durchführt. Dabei wird mehrmals kurzzeitig die Bremse gedrückt, statt die Räder dauerhaft zu blockieren. Beim Auto wird dieser Effekt durch das Antiblockiersystem ABS erzielt. Erkläre, warum diese Bremsweise besser ist, indem du die Satzteile richtig aneinanderreihst.

so treten bei jedem Bremsen	*kurzzeitig Haftreibungskräfte auf.*
Dabei treten Gleitreibungskräfte auf.	*die Räder dauerhaft.*
sind als Gleitreibungskräfte,	*Wirkt eine Kraft auf die Bremse,*
Da Haftreibungskräfte betragsmäßig größer	*Führt man eine Stotterbremsung durch,*
so blockieren auf nasser Fahrbahn	*wird das Rad so besser abgebremst.*

Wirkt eine Kraft auf die Bremse, so blockieren auf nasser Fahrbahn die Räder dauerhaft. Dabei treten Gleitreibungskräfte auf. Führt man eine Stotterbremsung durch, so treten bei jedem Bremsen kurzzeitig Haftreibungskräfte auf. Da Haftreibungskräfte betragsmäßig größer sind als Gleitreibungskräfte, wird das Rad so besser abgebremst.

3 Modellvorstellung zur Reibung

◩ Fülle die Lücken, so dass die Entstehung von Reibung erklärt wird.

Die *Berührungsflächen* von Körpern sind nie vollkommen *glatt*. Oberflächenunebenheiten *verhaken* sich ineinander. Zudem wirken an den Kontaktstellen *zwischen* den beiden Körpern *anziehende Kräfte*. Diese Adhäsionskräfte wirken zwischen den *Teilchen* der beiden Körper, wenn sich diese *nahekommen*. Aus *Oberflächenunebenheiten* und *Adhäsionskräften* ergeben sich die Reibungskräfte.

Dichte und Volumen

1 Dichteangaben

a ☐ Die Dichte eines Diamanten beträgt $\rho_{Diamant} = 3{,}51\,\frac{g}{cm^3}$. Deute diese Angabe.

Bei einem Volumen von V = 1 cm³ hat der Diamant eine Masse von m = 3,51 g.

b ◪ Die Dichte von Vollmilch beträgt $0{,}001032\,\frac{t}{l}$ bei 20 °C. Gib den Wert der Dichte in der Einheit $\frac{g}{cm^3}$ an.

$0{,}001032\,\frac{t}{l} = 0{,}001032\,\frac{t}{dm^3} = 1{,}032\,\frac{kg}{dm^3} = 1{,}032\,\frac{g}{cm^3}$

2 Flüssigkeiten schichten

Je 10 ml der Flüssigkeiten Wasser, Alkohol, Öl, Spiritus, Glycerin und Sirup wurden in einen Messzylinder gefüllt. Nach kurzer Zeit schichten sie sich übereinander auf.

Dichte in $\frac{g}{cm^3}$ bei 20 °C	
Alkohol	0,791
Glycerin	1,26
Öl	0,81
Sirup	1,27
Spiritus	0,83
Wasser	0,998

a ☐ Beschrifte die Schichten im Zylinder mit den Flüssigkeiten in der richtigen Reihenfolge.

b ☐ Begründe deine Antwort, indem du die folgenden Sätze sinnvoll vervollständigst:

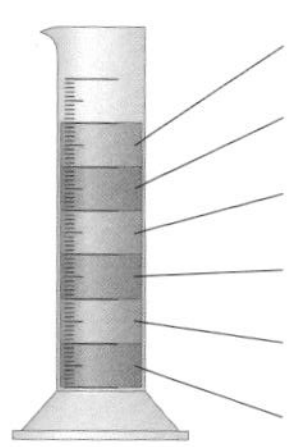

Alkohol
Öl
Spiritus
Wasser
Glycerin
Sirup

Bei gleichem *Volumen* hat derjenige Stoff die geringere Masse, der die *kleinere* Dichte hat.

Dieser Stoff *steigt* jeweils nach *oben*.

Ganz unten im Messzylinder befindet sich der Stoff mit der *größten Dichte*.

3 Material bestimmen

Eine Billardkugel hat ein Volumen von 122 cm³ und eine Masse von 210 g.

◪ Ermittle den Stoff, aus dem die Billardkugel hergestellt ist.

Geg.: V = 122 cm³, m = 210 g

Ges.: ρ

$\rho = \frac{m}{V}$

$\Leftrightarrow \rho = \frac{210\,g}{122\,cm^3}$

$\Leftrightarrow \rho = 1{,}72\,\frac{g}{cm^3}$

Die Kugel besteht aus Phenolharz.

Dichte in $\frac{g}{cm^3}$ bei 20 °C	
Phenolharz	1,72
Polyacetal	1,41
Polyamid	1,14
Silicon	1,65
Teflon	2,2

4 Masse berechnen

■ Ein Goldbarren hat ein Volumen von 0,052 l und eine Dichte von $\rho = 19{,}3\,\frac{g}{cm^3}$. Berechne die Masse des Goldbarrens.

Geg.: V = 0,052 l

$\rho_{Gold} = 19{,}3\,\frac{g}{cm^3}$

Ges.: m

$\rho = \frac{m}{V} \quad | \cdot V$

$\rho \cdot V = m$

$\Leftrightarrow m = 19{,}3\,\frac{g}{cm^3} \cdot 0{,}052\,l$

$\Leftrightarrow m = 19{,}3\,\frac{g}{cm^3} \cdot 52\,cm^3$

$\Leftrightarrow m = 1{,}0\,kg$

5 Volumen berechnen

◪ Tim hat bei der Berechnung des Volumens eines Flaschenkorkens folgende Rechnung durchgeführt. Dabei sind ihm ein paar Fehler unterlaufen. Finde diese und korrigiere sie.

1. *Geg.: m = 4,88 g; ρ = 0,24 $\frac{g}{cm^3}$; Ges.: V* *(Größensymbole vergessen)*
2. *Umformen nach V:* $\rho = \frac{m}{V} \quad | \cdot \not{\rho}\,V$

   $\rho \cdot V = m \quad | : \not{V}\,\rho$

   $V = \frac{m}{\rho}$
3. *Einsetzen:* $\Leftrightarrow V = \frac{4{,}88\,g}{0{,}24\,\frac{g}{cm^3}}$ *(Einheit g vergessen)*
4. *Ergebnis:* $\Leftrightarrow V = 20{,}\sout{33333333}\ cm^3$ *(zu viele sinnvolle Ziffern und Einheit vergessen)*
5. *Antwortsatz: Ein Flaschenkorken mit ~~einem Gewicht~~ einer Masse von 4,88 g hat ein Volumen von 20,~~33333333~~ cm³.*

6 Dichte – richtig oder falsch?

◪ Kreuze an, ob folgende Aussagen richtig (r) oder falsch (f) sind:

	Aussagen	r	f
1	1 kg Blei hat eine größere Masse als 1 kg Federn.		×
2	Bei gleicher Masse hat derjenige Körper das größere Volumen, der die kleinere Dichte hat.	×	
3	Bei gleichem Volumen hat derjenige Körper die kleinere Dichte, der eine geringere Masse hat.	×	
4	Zwei Körper haben die gleiche Masse, wenn sie dasselbe Volumen haben.		×
5	1 cm³ Federn hat eine kleinere Masse als 1 cm³ Blei.	×	

Prüfungsvorbereitung

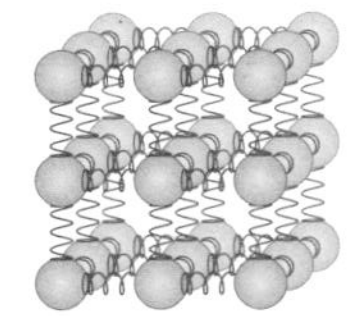

1 Modell eines Aggregatzustands

Im nebenstehenden Bild ist ein Modell für einen bestimmten Aggregatzustand abgebildet.

a) Benenne den Aggregatzustand. Begründe deine Antwort.

Mit dem Modell soll der feste Aggregatzustand dargestellt werden. In diesem befinden sich die Teilchen an festen Gitterplätzen, um die sie schwingen.

b) Gib an, warum der Hersteller des Modells Schraubenfedern zwischen die Kugeln eingebaut hat.

Der Hersteller will damit deutlich machen, dass zwischen den Teilchen eines Festkörpers anziehende und abstoßende Kräfte wirken.

2 Teilchenmodell – richtig oder falsch?

a) Kreuze an, ob folgende Aussagen richtig (r) oder falsch (f) sind:

	Aussage	r	f
1	Teilchen, die sich schneller bewegen, haben eine höhere Temperatur.		X
2	In Flüssigkeiten sind die Kräfte zwischen den Teilchen kleiner als bei Festkörpern.	X	
3	Teilchen haben keine Farbe und keine Temperatur.	X	
4	In Festkörpern bewegen sich die Teilchen nicht.		X

b) Schreibe die falschen Aussagen so um, dass richtige entstehen.

1: Je schneller sich die Teilchen eines Körpers im Mittel bewegen, desto höher ist die Temperatur des Körpers.

4: In Festkörpern befinden sich die Teilchen in ständiger Bewegung, sie schwingen um ihre Gitterplätze.

3 Verdampfen

a) Kreuze an, wie der Satz richtig weitergehen muss.
Wenn 1 Liter Wasser bei alltäglichen Bedingungen vollständig verdampft, …

- ◯ nimmt der Wasserdampf ebenfalls ein Volumen von 1 Liter ein.
- ◯ nimmt der Wasserdampf einen kleineren Raum ein.
- ⊗ nimmt der Wasserdampf einen größeren Raum ein.

b) Erkläre dies mit dem Teilchenmodell.

In einem Gas wie dem Wasserdampf ist der mittlere Teilchenabstand zwischen den Teilchen sehr viel größer als bei der entsprechenden Flüssigkeit. Dadurch ist auch der Raum, den das Gas einnimmt, sehr viel größer.

4 Reibungsarten

Benenne die verschiedenen Arten von Reibung und ordne sie der Größe nach. Verwende hierzu das Symbol „>".

$F_{R,\,Haft} > F_{R,\,Gleit} > F_{R,\,Roll}$

5 Reibung und Kraftpfeile

Ein Holzklotz wird mit einer Schnur mit konstanter Geschwindigkeit über eine Oberfläche gezogen.

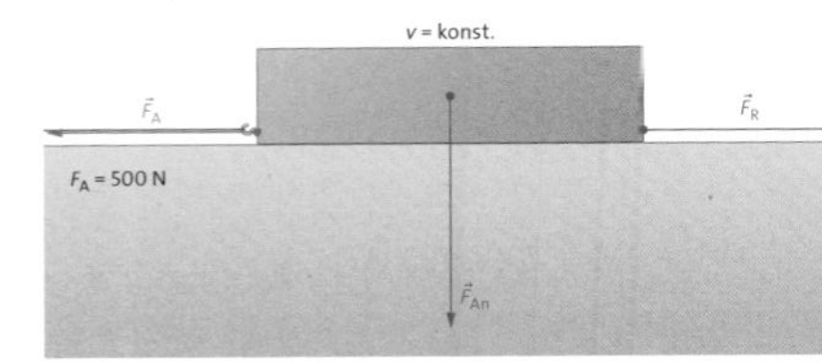

a) Trage in das Bild mithilfe von Kraftpfeilen die Antriebskraft $\vec{F}_A$, die Anpresskraft $\vec{F}_{An}$ und die Reibungskraft $\vec{F}_R$ ein.

b) Gib den Betrag der Reibungskraft F_R an.

F_R = 500 N

6 Reibung beim Skateboard

a) Beim Skateboardfahrer im Bild treten verschiedene Reibungsarten auf. Die Stellen, an denen Reibung auftritt, sind mit den Ziffern 1, 2, 3 und 4 markiert.

b) Nenne jeweils die Reibungsart und die Stelle, wo sie auftritt.

① *Rollreibung* zwischen Rädern und Fahrbahn

② *Rollreibung in den Lagern der Räder*

③ *Haftreibung zwischen Fuß und Skateboard*

④ *Haftreibung zwischen Fuß und Fahrbahn*

c) Welche Reibung ist ausschließlich erwünscht? Umrande die Nummer.

d) Fülle die Lücken so, dass beschrieben wird, wie erwünschte Reibung vergrößert und unerwünschte Reibung verkleinert wird.

Die erwünschte Reibung ist groß, wenn die *Oberflächen* von *Fahrbahn*, Schuhsohle und Skateboard *rau* und *trocken* sind. Die unerwünschte Reibung kann verkleinert werden, indem man *die Lager in den Rädern fettet*.

Licht und Schatten

1 Sehvorgang

a ☐ Kreuze das Bild an, indem der Sehvorgang richtig dargestellt ist.

b ■ Begründe anhand einer geeigneten Situation, warum die Vorstellung, dass vom Auge Sehstrahlen ausgesendet werden, nicht sinnvoll ist.

Wenn das Auge Sehstrahlen aussenden würde, müsste man Gegenstände auch im Dunkeln sehen.

2 Lichtgeschwindigkeit

◪ Ein Schiff sendet ein Lichtsignal aus. Entscheide, ob es zuerst bei einem 15 000 m entfernten U-Boot oder bei einem 15 000 m entfernten Flugzeug ankommt. Nimm an, das Licht könnte in Wasser eine so große Entfernung zurücklegen. Begründe deine Antwort.

Das Licht kommt zuerst beim Flugzeug an, weil das Licht in Luft eine höhere Geschwindigkeit hat als im Wasser.

3 Straßenlaterne

Eine Mauer steht zwischen einem dreistöckigen Haus und einer Straßenlaterne.

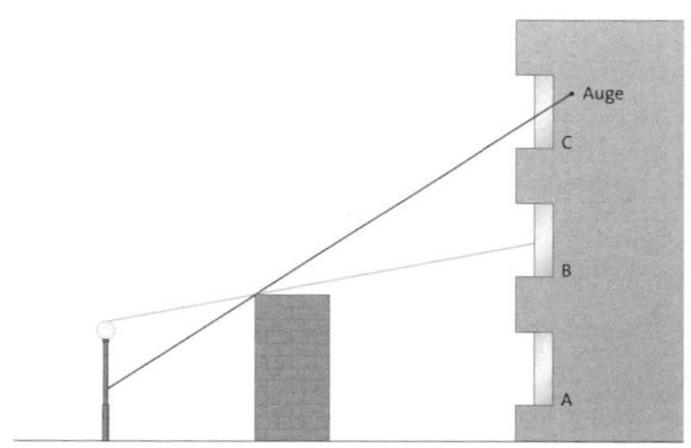

a ◪ Ermittle durch Einzeichnen geeigneter Lichtstrahlen, welche der Fenster A, B und C von der Laterne beleuchtet werden, und vervollständige den Text.

Die Laterne beleuchtet Fenster

A *nicht*, Fenster B *teilweise*

und Fenster C *vollständig*.

b ◪ Jana steht vor Fenster C und blickt auf die Laterne. Ihr Auge ist eingezeichnet. Ermittle, ob sie die Laterne vollständig bis zum Boden sehen kann.

Nein, sie kann den unteren Teil der Laterne nicht sehen.

4 Viele Schatten

Der Körper im nebenstehendem Bild wird von mehreren punktförmigen Lichtquellen beleuchtet.

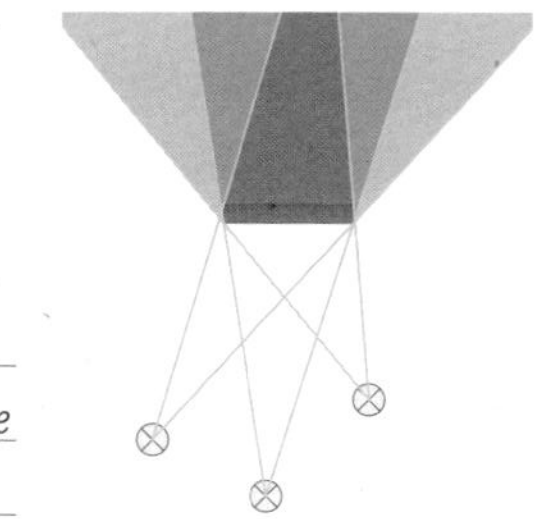

a ◪ Ermittle durch geeignete Konstruktion Anzahl und Positionen der Lichtquellen.

b ◪ Begründe, warum die Bereiche unterschiedlich hell erscheinen.

Die hellsten Bereiche der Schatten werden von zwei Lichtquellen beleuchtet, die nächstdunkleren Bereiche werden durch eine Lichtquelle beleuchtet, der dunkelste Bereich (Kernschattenraum) von keiner Lichtquelle.

5 Nachtwanderung

Marie, Aisha und Marcel befinden sich bei einer Nachtwanderung in der Nähe eines großen Busches, als das Licht der Taschenlampen von Leo und Tine in ihre Richtung leuchtet.

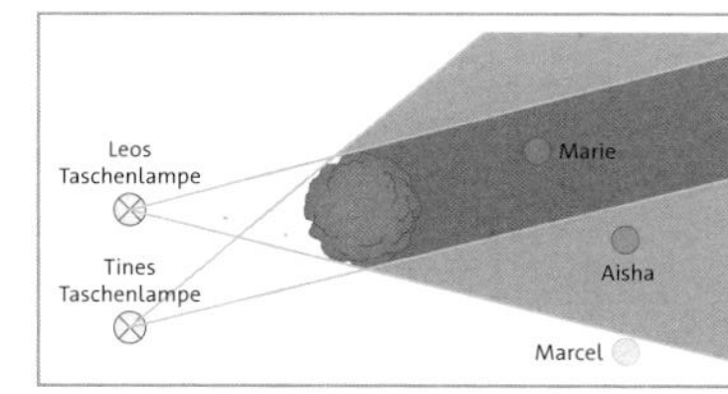

◪ Ergänze die Zeichnung, um die Lücken in folgender Aussage zu füllen:

Marcel wird von allen dreien am stärksten beleuchtet und *Marie* am wenigsten.

6 Sonne, Mond und Erde

Das nebenstehende Bild zeigt eine bestimmte Konstellation von Erde, Mond und Sonne.

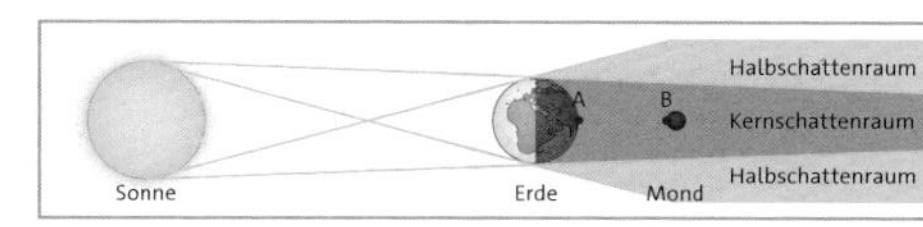

a ☐ Benenne die Beobachtung, die ein Bewohner auf der Erde im Punkt A macht.

Er beobachtet eine totale Mondfinsternis.

b ◪ Ergänze in der Grafik geeignete Lichtstrahlen, um die Beobachtung zu erklären. Gib die Bezeichnungen der verschiedenen Schattenbereiche an.

c ◪ Erkläre die Beobachtung mit den entsprechenden Fachbegriffen.

Bei einer totalen Mondfinsternis befindet sich der Mond bei Vollmond im Kernschattenraum der Erde.

d ☐ Gib an, was ein Astronaut beobachtet, der sich im Punkt B auf dem Mond befindet.

Der Astronaut beobachtet eine totale Sonnenfinsternis.

Reflexion und Spiegelbild

1 Reflexion von Licht

☐ Verbinde die Satzhälften miteinander so, dass richtige Aussagen entstehen.

1. Trifft Licht auf die Oberfläche eines Körpers, ...	... erfolgt die Streuung in genau eine Richtung. (I)
2. Wenn die Oberfläche sehr glatt ist, ...	... steht senkrecht auf der reflektierenden Oberfläche. (T)
3. Bei der Reflexion von Licht ...	... wird es dort in alle Richtungen gestreut. (L)
4. Einfallender Lichtstrahl und reflektierter Lichtstrahl ...	... liegen in einer gemeinsamen Ebene. (H)
5. Die Ebene, die den einfallenden und den reflektierten Lichtstrahl enthält, ...	... gilt das Reflexionsgesetz. (C)

Lösungswort: [1] L [2] I [3] C [4] H [5] T

2 Fernlicht und Abblendlicht

a ☑ Lara und Achmed fahren bei dichtem Nebel über eine Straße. Bringe die Satzbausteine in die richtige Reihenfolge und finde heraus, wer recht hat.

Licht von der Umgebung
gelangt in das Auge des Fahrers.
trifft auf die Wassertröpfchen des Nebels
hinter den Wassertröpfchen
Das Licht der Scheinwerfer
gelangt nicht in das Auge des Fahrers.
Das an den Wassertröpfchen gestreute Licht
und wird in alle Richtungen gestreut.

Das Licht der Scheinwerfer trifft auf die Wassertröpfchen des Nebels und wird in alle Richtungen gestreut. Das an den Wassertröpfchen gestreute Licht gelangt in das Auge des Fahrers. Licht von der Umgebung hinter den Wassertröpfchen gelangt nicht in das Auge des Fahrers.

Wer hat recht? *Lara*

b Mit dem Abblendlicht soll gewährleistet werden, dass der Gegenverkehr nicht geblendet wird. Fährt man auf nasser Fahrbahn, kann jedoch auch das Abblendlicht entgegenkommende Fahrer blenden.

☑ Ergänze in der Zeichnung den weiteren Lichtweg und schraffiere den Bereich, in dem man geblendet wird.

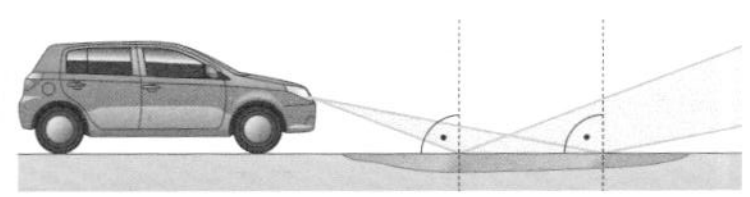

3 Spieglein, Spieglein ...

a ☐ Markiere das Bild, welches das Spiegelbild richtig wiedergibt.

b ☑ Beschreibe, was an den anderen Spiegelbildern nicht stimmt.

A: Beim Spiegelbild ist nicht vorne und hinten vertauscht.
B: Das Spiegelbild ist nicht genauso weit vom Spiegel entfernt wie die Figur.
C: Das Spiegelbild ist nicht seitenrichtig.
E: Das Spiegelbild ist nicht genauso groß wie die Figur.
F: Die Verbindungslinien von Spiegelbild und Figur stehen nicht senkrecht auf der Spiegelebene.

4 Parabolspiegel

In Scheinwerfern befinden sich Parabolspiegel. Im Bild ist der Lichtweg eines Lichtstrahls gezeichnet, der von der punktförmigen Lichtquelle auf den Spiegel trifft.

a ☑ Konstruiere die beiden Lichtstrahlen, die an den Stellen A und B auf den Spiegel treffen.

b ☐ Beschreibe die Art des Lichtbündels, das der Parabolspiegel aussendet.

Der Parabolspiegel sendet ein paralleles Lichtbündel aus.

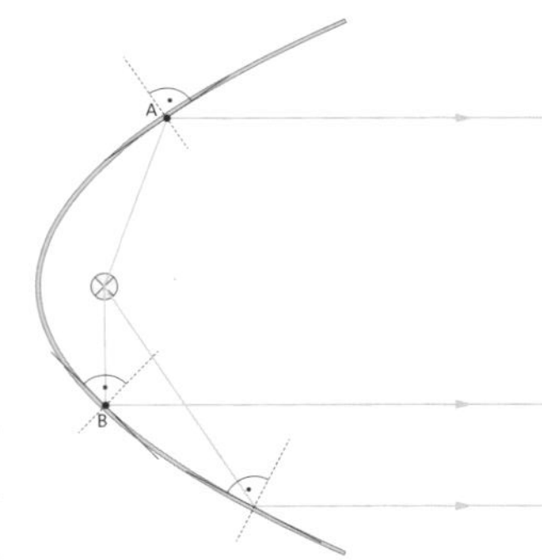

5 Toter Winkel

Beim Blick in den Außenspiegel kann der Fahrer nur einen Ausschnitt der Umgebung hinter sich sehen. Es entstehen dabei sogenannte tote Winkel.

■ Zeige, dass der Fahrer Lea im Spiegel sehen kann, Max jedoch nicht.

Tipp: Ermittelt den Bereich, der der Fahrer durch den Spiegel sehen kann. Konstruiere dazu die Lichtstrahlen, die auf die äußersten Kanten des Spiegels treffen und ins Auge des Fahrers reflektiert werden.

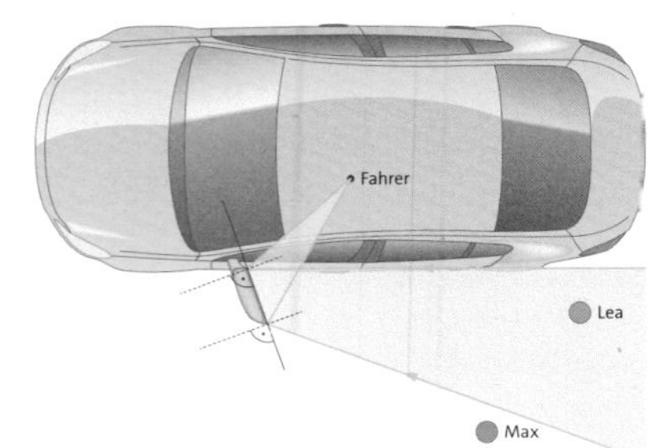

Brechung und Totalreflexion

1 Fachbegriffe

☐ Ergänze die fehlenden Fachbegriffe im folgenden Lehrbuchtext:

Unter Lichtbrechung versteht man die Eigenschaft des Lichts, beim Auftreffen auf die *Grenzfläche* zweier optischer Medien die *Richtung* zu ändern. Zur Beschreibung der Ablenkung des Lichtstrahls misst man den *Winkel* zwischen Lichtstrahl und *Einfallslot*. Den Winkel zwischen einfallendem Lichtstrahl und *Einfallslot* nennt man *Einfallswinkel*. Den Winkel zwischen dem abgelenkten Lichtstrahl und dem *Einfallslot* nennt man *Brechungswinkel*.

Verschiedene optische Medien unterscheiden sich in ihrer *optischen Dichte*. Trifft das Licht von einem optisch *dünneren* in ein optisch *dichteres* Medium, dann wird es zum Einfallslot hin gebrochen. Die Ursache für die Lichtbrechung ist die unterschiedliche *Lichtgeschwindigkeit* in verschiedenen optischen Medien. Im optisch dichteren Medium ist die *Lichtgeschwindigkeit* *kleiner* als im optisch dünneren Medium.

2 Lichtbrechung

a ☒ Ergänze jeweils qualitativ den Verlauf des Lichtstrahls.

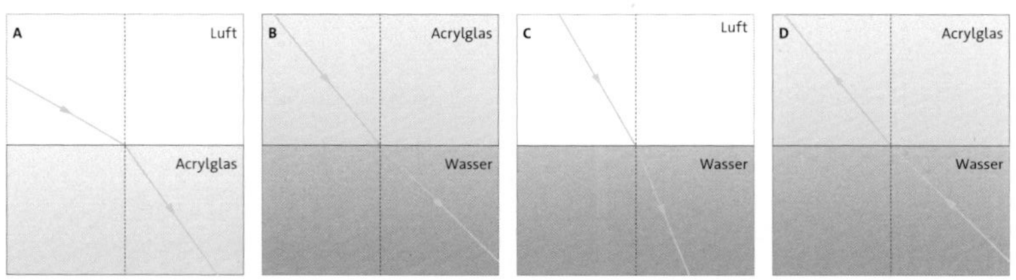

b ☒ Begründe jeweils den Verlauf des Lichtstrahls.

A: Beim Übergang von der optisch *dünneren* Luft in das optisch *dichtere* Acrylglas wird das Licht *zum Einfallslot hin* gebrochen.

B: *Beim Übergang vom optisch dichteren Acrylglas in das optisch dünnere Wasser wird das Licht vom Einfallslot weg gebrochen.*

C: *Beim Übergang von der optisch dünneren Luft in das optisch dichtere Wasser wird das Licht zum Einfallslot hin gebrochen.*

D: *Beim Übergang vom optisch dünneren Wasser in das optisch dichtere Acrylglas wird das Licht zum Einfallslot hin gebrochen.*

3 Zwei Taucher

Zwei Taucher A und B leuchten nachts mit einer Lampe auf den Punkt P auf der Wasseroberfläche. Nur das Lichtbündel einer Taschenlampe tritt aus dem Wasser aus.

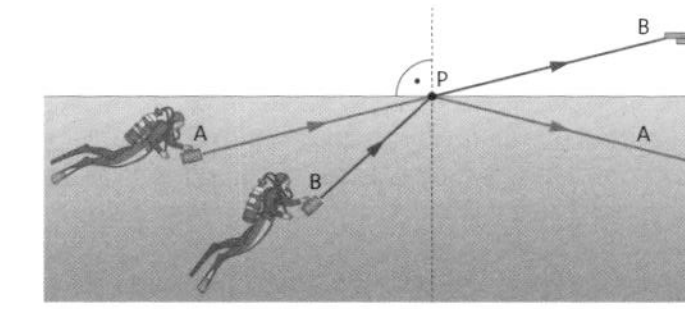

a ☐ Zeichne jeweils qualitativ den Lichtweg in das Bild ein. Nutze verschiedene Farben für A und B.

b ☒ Beschreibe den Lichtweg jeweils mit den Fachbegriffen.

A: *Das Licht wird an der Wasseroberfläche total reflektiert.*

B: *Das Licht wird vom Einfallslot weg gebrochen.*

4 Zaubertrick

Ein Zauberer befestigt einen Plastikfisch auf dem Boden einer undurchsichtigen Tasse und fordert einen Zuschauer auf, so in die Tasse zu schauen, dass er den Fisch gerade nicht mehr sieht. Der Zuschauer soll dann seine Position nicht mehr ändern, während die Tasse mit Wasser gefüllt wird.

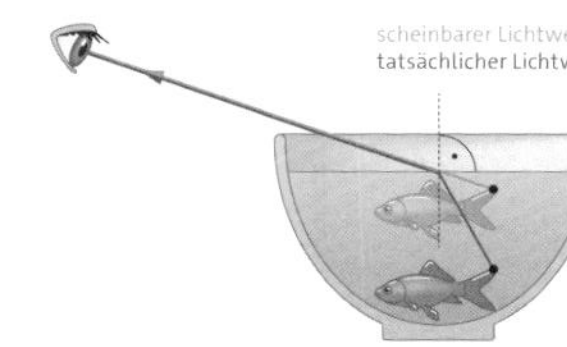

a ☐ Beschreibe, worüber der Zuschauer staunen wird.

Der Zuschauer beginnt den Fisch zu sehen, wenn sich eine bestimmte Menge Wasser in der Tasse befindet.

b ■ Ergänze das Bild, um den Trick zu erklären. Zeichne in verschiedenen Farben den tatsächlichen und den scheinbaren Lichtweg vom Fisch in das Auge des Beobachters ein.

5 Doppelter Lichtübergang

a ■ Ergänze den weiteren Lichtweg im nebenstehenden Bild. Benenne die Winkel im ersten Übergang mit ε_1 (Einfallswinkel) und β_1 (Brechungswinkel) und im zweiten Übergang mit ε_2 und β_2.

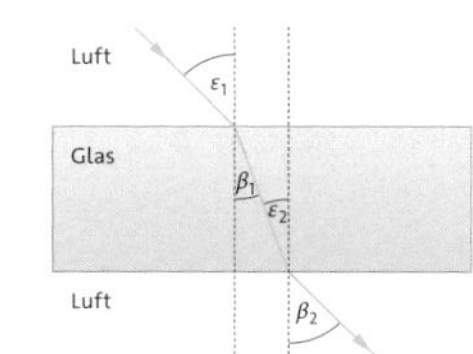

b ☒ Kreuze die zutreffenden Beziehungen an:

◯ $\varepsilon_1 = \varepsilon_2; \beta_1 = \beta_2$ ◯ $\varepsilon_1 = \beta_2; \varepsilon_2 = \beta_1$

⊗ $\varepsilon_1 = \beta_2; \varepsilon_2 = \beta_1$ ◯ $\varepsilon_1 = \varepsilon_2 = \beta_1 = \beta_2$

6 Blackbox

Im Inneren des gezeichneten Kastens befindet sich ein geradlinig begrenzter Glaskörper, der das Licht in der gezeichneten Weise ablenkt.

■ Zeichne den Glaskörper ein und ergänze den Lichtweg.

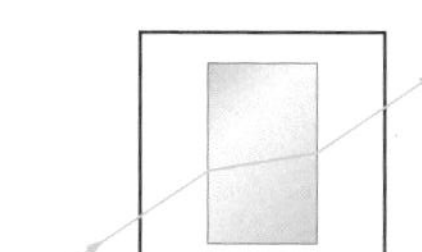

Prüfungsvorbereitung

1 Mond

Micha: *Der Mond ist ein selbstleuchtender Körper.*

a ◪ Widerlege Michas Behauptung mit einem stichhaltigen Argument.

Wenn der Mond ein selbstleuchtender Körper wäre, würde man ihn immer als leuchtende Scheibe sehen und keine Mondphasen beobachten.

b ◪ Erkläre Micha, weshalb wir den Mond sehen können.

Wir sehen den Mond deshalb, weil Licht von der Sonne auf eine Seite des Monds trifft und dieses Licht dann von ihm in alle Richtungen gestreut wird. Ein Teil dieses Lichts gelangt in unser Auge.

2 Sonnenuntergang

Lea: *Wenn wir die Sonne gerade untergehen sehen, ist sie eigentlich schon bereits vor etwa 8,5 Minuten untergegangen.*

a ◪ Nimm Stellung zu Leas Aussage.

Die Aussage von Lea ist richtig, da Licht für seine Ausbreitung eine bestimmte Zeit benötigt. Wenn wir also den letzten Lichtstrahl der Sonne sehen, war dieser schon eine gewisse Zeit lang unterwegs.

b ■ Schätze mithilfe der Zeitangabe von Lea durch eine Rechnung ab, wie weit die Sonne ungefähr von der Erde entfernt ist.

Geg.: $t = 8{,}5\ \text{min},\ v = 300 \cdot 10^3\ \frac{\text{km}}{\text{s}}$
Ges.: s

$$v = \frac{s}{t} \Leftrightarrow s = v \cdot t$$

$$\Leftrightarrow s = 300 \cdot 10^3\ \frac{\text{km}}{\text{s}} \cdot 8{,}5\ \text{min}$$

$$\Leftrightarrow s = 300 \cdot 10^3\ \frac{\text{km}}{\text{s}} \cdot 510\ \text{s}$$

$$\Leftrightarrow s = 153 \cdot 10^6\ \text{km}$$

Die Sonne ist laut der Zeitangabe von Lea etwa $153 \cdot 10^6$ km von der Sonne entfernt.

3 Simones Schatten

Simone geht an einer Straßenlaterne vorbei. Wie ändert sich ihr Schattenbild?

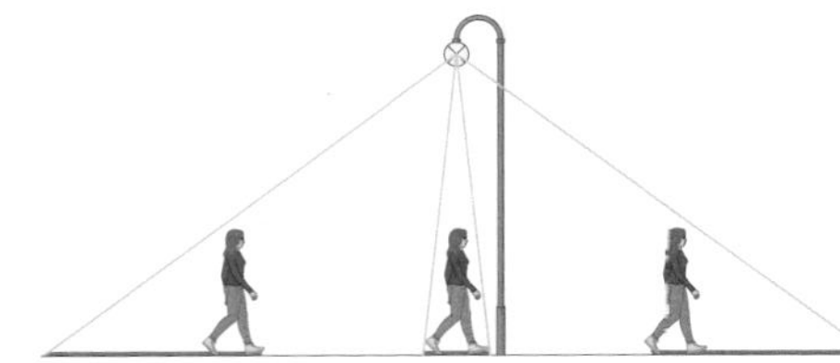

a ◪ Konstruiere Simones Schattenbild für die drei gezeichneten Positionen.

b ◪ Fülle die Lücken so, dass der Text beschreibt, wie sich ihr Schattenbild ändert.

Wenn sich Simone der Straßenlampe nähert, befindet sich ihr Schattenbild zunächst *hinter ihr* und wird *immer kleiner*. Wenn sie direkt unter der Lampe steht, *befindet sich das Schattenbild direkt unter ihr*. Entfernt sie sich wieder von der Lampe, *liegt das Schattenbild vor ihr und wird wieder größer*.

4 Hinter der Mauer

Tom kann seine Freunde Paul und Aisha hinter der Mauer nicht sehen. Nebenstehende Skizze zeigt die Szene von oben.

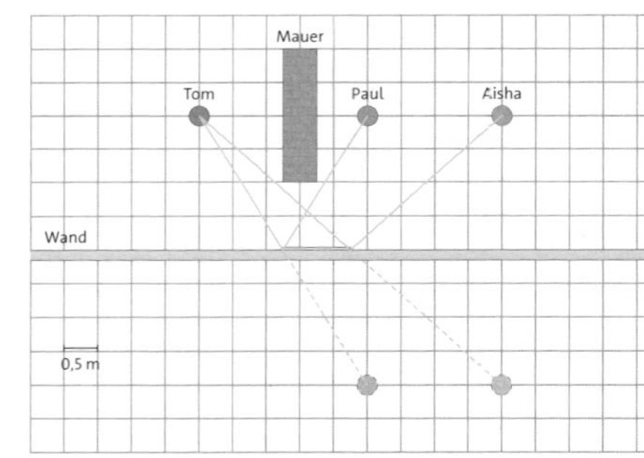

a ■ Zeichne die Position eines möglichst kleinen Spiegels auf der Wand ein, sodass Tom darin seine beiden Freunde sehen kann.

b □ Gib die mindestens erforderliche Breite des Spiegels an.

$l = 1{,}0$ m

5 Durch den Reifen

Der Delfin soll durch den Reifen springen, den er durch die Wasseroberfläche sehen kann.

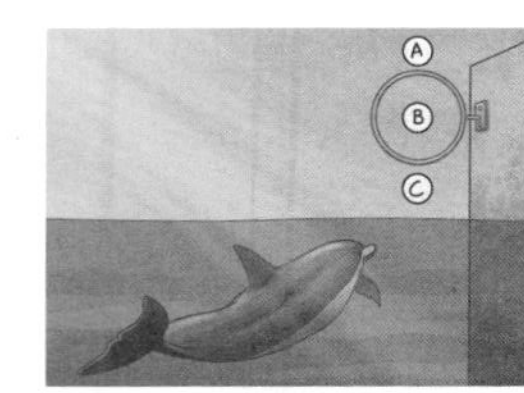

a ◪ Kreuze an, wohin der Delfin aus seiner Sicht springen muss.

○ A ○ B ⊗ C

b ◪ Begründe deine Antwort unter Verwendung der Fachbegriffe.

Das am Reifen gestreute Licht wird beim Übergang in das Wasser zum Lot hin gebrochen. Es verläuft im Wasser also steiler als außerhalb. Der Delfin geht davon aus, dass sich das Licht geradlinig ausbreitet. Daher sieht er den Reifen weiter oben, als er sich tatsächlich befindet.

Optische Linsen

1 Blackbox

Im Inneren des grau gezeichneten Kastens befindet sich eine Linse.

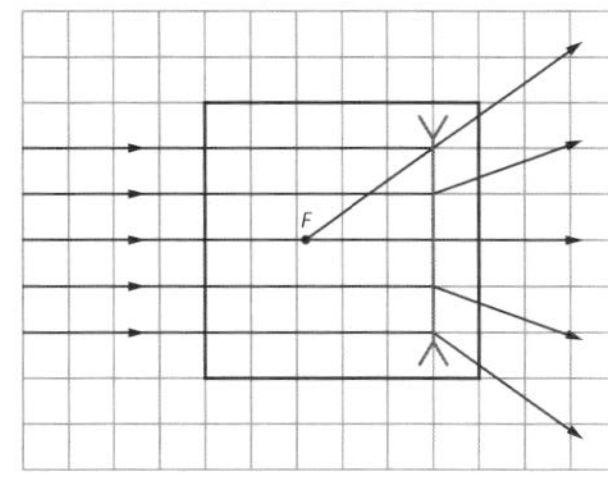

a ◪ Ergänze die Strahlengänge und zeichne die Linse mit dem vereinfachten Symbol an der richtigen Stelle ein. Gib an, welcher Linsentyp sich im Kasten befindet.

Es handelt sich um eine Konkavlinse.

b ◪ Zeichne mithilfe einer geeigneten Hilfslinie den Brennpunkt *F* der Linse ein und gib ihre Brennweite auf mm genau an.

f = −1,4 cm

2 Linsenwölbung

Eine Kerze wird durch zwei verschiedene Sammellinsen abgebildet. Die Linsen unterscheiden sich in ihren Brennweiten. (Die Brennpunkte gehören jeweils zur Linse mit der gleichen Farbe.)

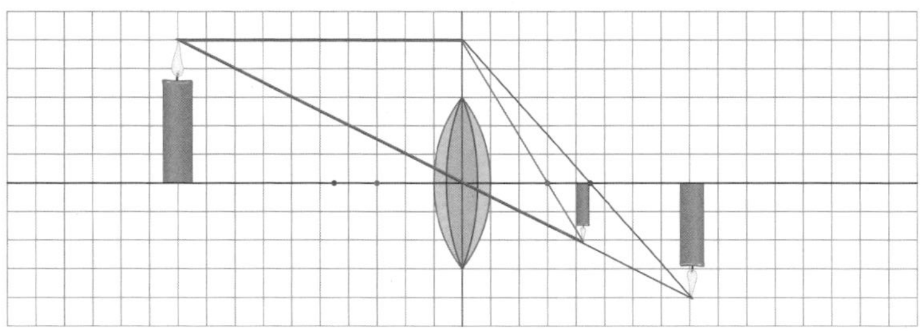

a □ Formuliere mithilfe der Grafik den Zusammenhang zwischen der Wölbung einer Linse und ihrer Brennweite.

Je stärker die Wölbung einer Linse ist, umso kleiner ist ihre Brennweite.

b ◪ Konstruiere jeweils das Bild der Kerze durch die grüne und die blaue Linse in den dazugehörigen Farben (grüne Linse: grüne Strahlen, blaue Linse: blaue Strahlen).

c ◪ Fülle die Lücken so, dass die Zusammenhänge richtig wiedergegeben werden.

Je größer die Brennweite einer Linse ist, desto *größer* ist die Bildweite.

Je größer die Brennweite einer Linse ist, desto *größer* ist die Bildgröße.

3 Bildweite

Ein 3,0 cm großer Gegenstand befindet sich in einer Gegenstandsweite von 6,0 cm vor einer Sammellinse (f = 20 mm). Das Bild des Gegenstands soll auf einem Projektionsschirm aufgefangen werden.

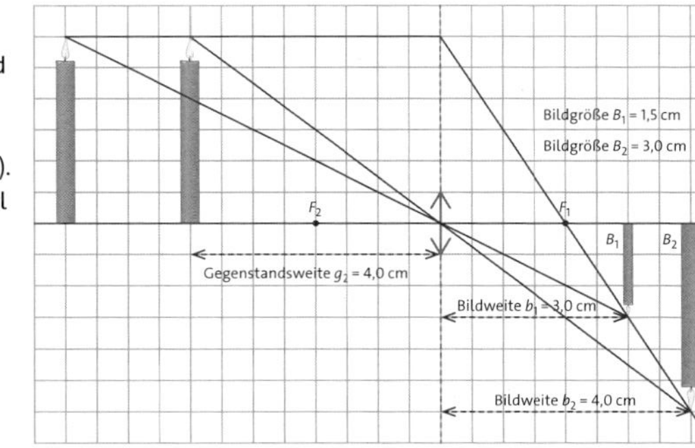

a ◪ Ergänze die Zeichnung und ermittle die Bildweite *b* und die Bildgröße *B*. Gib beides auf mm genau an.

b ◪ Das Bild soll bei unveränderter Linsenposition mit einer Bildweite von 4,0 cm auf den Projektionsschirm aufgefangen werden und dabei eine Bildgröße von 3,0 cm haben. Ermittle zeichnerisch die zugehörige Position des Gegenstandes und gib die Gegenstandsweite auf mm genau an.

4 Lupe

a □ Ergänze folgenden Lückentext so, dass er das Prinzip einer Lupe richtig beschreibt.

Eine Lupe ist eine *Sammellinse*.

Mit ihr kann man Gegenstände vergrößert betrachten. Damit ein vergrößertes Bild entsteht, muss die *Gegenstandsweite* kleiner als die *Brennweite* der Linse sein. Schaut man dann von der gegenstandsabgewandten Seite durch die Linse, sieht man ein vergrößertes *Bild* des Gegenstands. Es ist *aufrecht* und nicht *auffangbar*. Solche Bilder nennt man *virtuell*.

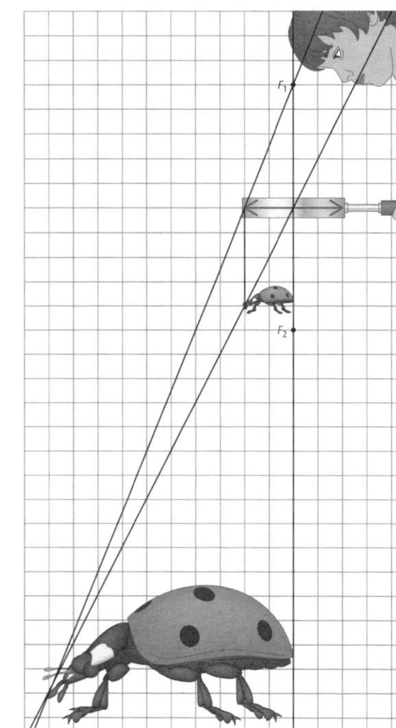

b ■ Konstruiere das virtuelle Bild des Käfers, das Paul durch die Lupe sieht.

c ◪ Beschreibe, wie Paul vorgehen muss, damit er den Käfer noch größer sieht.

Er muss die Lupe noch näher an den Käfer halten.

Optische Geräte

1 Fotoapparat

Tipp: Verwende für die folgenden Zeichnungen Bleistift und Holzfarbstifte. Drücke bei farbigen Markierungen nur leicht auf das Papier, damit die Zeichnung übersichtlich bleibt. Zeichne zunächst dünn mit Bleistift vor, wenn du dir nicht sicher bist.

Zwei Schachfiguren sollen mit dem Objektiv eines Fotoapparats abgebildet werden. Das Objektiv besitzt eine Brennweite von 20 mm.

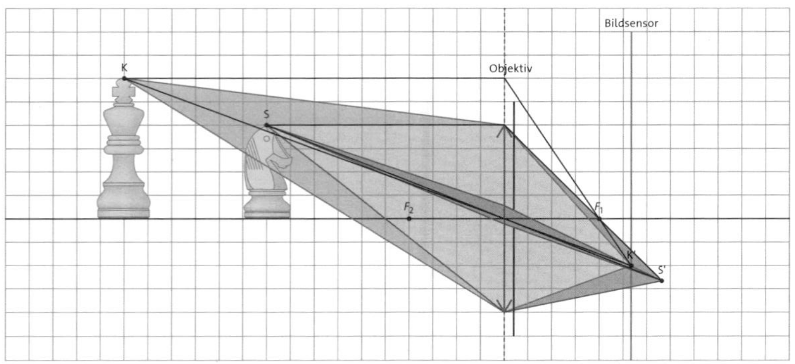

a Wo muss sich der Bildsensor befinden, damit der König scharf abgebildet wird. Ermittle die Lage des Bildsensors, indem du den Bildpunkt K' konstruierst. Zeichne dann den Bildsensor als vertikale Linie ein.

Gib die Bildweite $b_{König}$ an: $b_{König}$ = *2,7 cm*.

b Zeichne mit grüner Farbe das gesamte Lichtbündel ein, das vom Punkt K das Objektiv durchdringt und auf die Bildebene trifft.

c Konstruiere nun für die gleiche Position des Objektivs den Bildpunkt S' und markiere mit blauer Farbe das gesamte Lichtbündel, das vom Punkt S aus durch das Objektiv verläuft und auf den Bildpunkt S' trifft.

d Erkläre, warum das Bild des Springers auf dem Bildsensor unscharf erscheint.

Auf dem Bildsensor werden große Lichtflecken abgebildet, die sich überlagern und zusammen ein unscharfes Bild ergeben.

e 2,0 mm hinter dem Objektiv befindet sich eine Blende, deren Öffnungsdurchmesser auf 4,0 mm eingestellt wird. Zeichne diese Blende in das Bild. Zeichne nun mit roter Farbe das Lichtbündel ein, das jetzt vom Gegenstandspunkt S zum Bildpunkt S' verläuft. Erkläre, warum das Bild des Springers bei kleiner Blendenöffnung schärfer auf dem Bildsensor erscheint.

Die Lichtflecken, die auf dem Bildsensor erscheinen, sind nun viel kleiner. Die Überlagerung aller Lichtflecken führen zu einem schärferen Bild.

2 Auge

Die Linse im folgenden Bild stellt das Linsensystem des Auges dar. Vier gleich große Kerzen stehen in unterschiedlichen Abständen vor dem Auge.

a Konstruiere die Bildpunkte A' – D'.

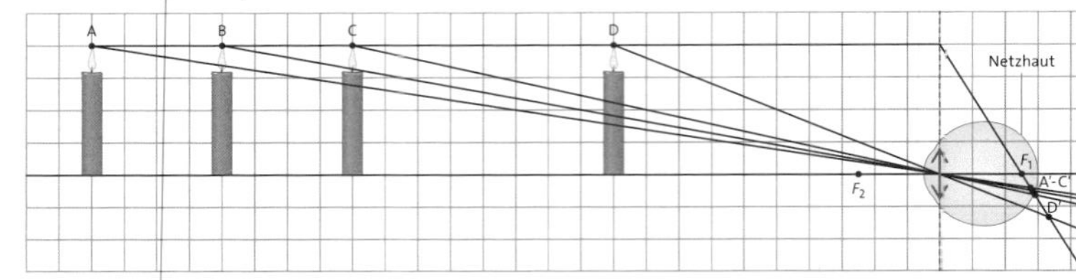

b Beschreibe die Lage der Bildpunkte.

Die Bildpunkte A' – C' liegen sehr nahe beieinander und nahezu in der Brennebene der Linse. Der Bildpunkt D' liegt deutlich außerhalb der Brennebene der Linse und hinter der Netzhaut.

c Auch nahe Gegenstände wie die Kerze D können scharf auf der Netzhaut abgebildet werden. Beschreibe und benenne den Vorgang im menschlichen Auge, der dies ermöglicht.

Die Linse wird stärker gewölbt. Ihre Brennweite nimmt dadurch ab. Der Bildpunkt D erscheint dann auf der Netzhaut. Der Vorgang heißt Akkommodation.

d Im höheren Alter verringert sich die Elastizität der Augenlinse so, dass sie nicht mehr so stark gewölbt werden kann. Beschreibe das benötigte Hilfsmittel, um nahe Gegenstände zu sehen. Begründe deine Antwort.

Man benötigt eine Brille mit Sammellinse. Mit einer Sammellinse wird die Brennweite des gesamten Linsensystems verkleinert.

3 Fernrohr

Das Bild zeigt den Weg des Lichts eines weit entfernten Gegenstands in einem Fernrohr.

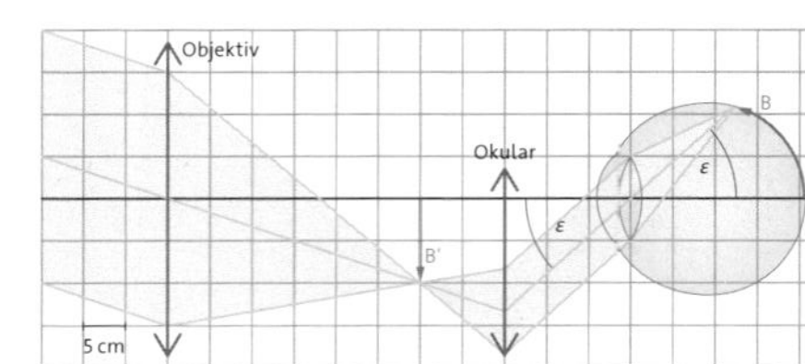

a Zeichne das Objektiv, das Okular, das Zwischenbild B' und den Sehwinkel ε an der richtigen Stelle ein.

b Gib die Brennweite von Objektiv und Okular an. (Beachte den Maßstab!)

$f_{Objektiv}$ = *30 cm*, f_{Okular} = *10 cm*

Prüfungsvorbereitung

1 Brennglas

Mit einem Brennglas kann man an einem sonnigen Tag ein Feuer entzünden. Zeichne in das Kästchen die notwenige Linse mit dem vereinfachten Symbol ein. Zeichne dann den Weg des Lichts vor und nach dem Brennglas ein.

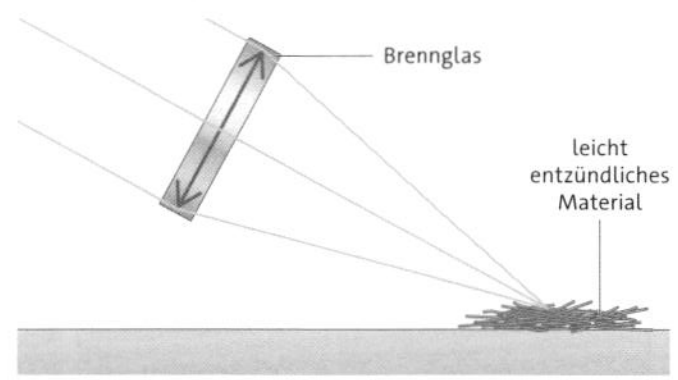

2 Fotoapparat

Das nebenstehende Bild zeigt einen Fotoapparat.

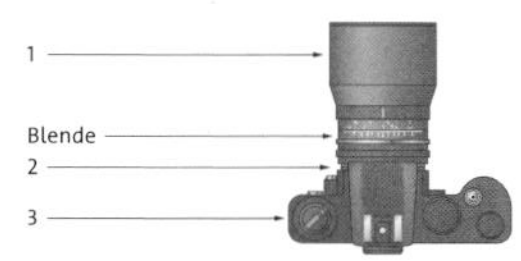

a ☐ Benenne die für die Bildentstehung wichtigen Bauteile, die sich an der jeweils bezeichneten Stelle befinden.

1: *Objektiv* 2: *Verschluss* 3: *Bildsensor*

b ■ Ein Fotograf möchte schnell fahrende Autos bei normaler Helligkeit scharf abbilden. Beschreibe die Einstellungen an seinem Fotoapparat, die er wählen muss. Entscheide, ob die Schärfentiefe bei der Aufnahme groß oder klein ist, und beschreibe, worin sich dies im Bild äußert.

Der Fotograf muss eine kurze Belichtungszeit und eine große Blendenöffnung wählen. Die Schärfentiefe ist bei dieser Aufnahme aufgrund der großen Blendenöffnung gering. Das äußert sich darin, dass das Auto scharf und der Hintergrund unscharf erscheinen.

3 Aufnahme einer Blume

Ein Fotoapparat hat ein Objektiv mit einer Brennweite von 28 mm. Er ist so eingestellt, dass eine 10 cm entfernte Blume scharf auf dem Bildsensor abgebildet wird.

a Konstruiere das Bild der Blume mithilfe der Hauptstrahlen. Beschrifte die Hauptstrahlen mit den Fachbegriffen.

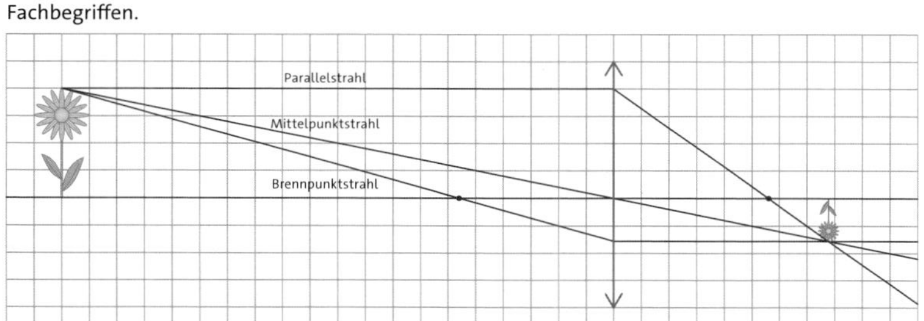

b ■ Beschreibe, was geschieht, wenn die Gegenstandsweite kleiner als 28 mm wird. Gib dafür eine Erklärung.

Dann entsteht kein scharfes reelles Bild auf dem Bildsensor. Mittelpunktstrahl und Brennpunktstrahl schneiden sich nicht mehr in einem Punkt.

4 Auge und Fehlsichtigkeit

Das menschliche Auge hat einen ähnlichen Aufbau wie ein Fotoapparat.

a ☐ Ergänze die Tabelle so, dass die sich entsprechenden Bestandteile nebeneinanderstehen.

Fotoapparat	Auge
Blende	*Pupille*
Objektiv	*Linsensystem*
Bildsensor	*Netzhaut*

b Eine Person betrachtet eine Stecknadel aus geringem Abstand. Konstruiere den Bildpunkt P' und entscheide, welche Fehlsichtigkeit vorliegt. Begründe.

Die Person ist weitsichtig. Ihr Augapfel ist zu kurz, sodass das scharfe Bild des nahen Gegenstands hinter der Netzhaut liegt.

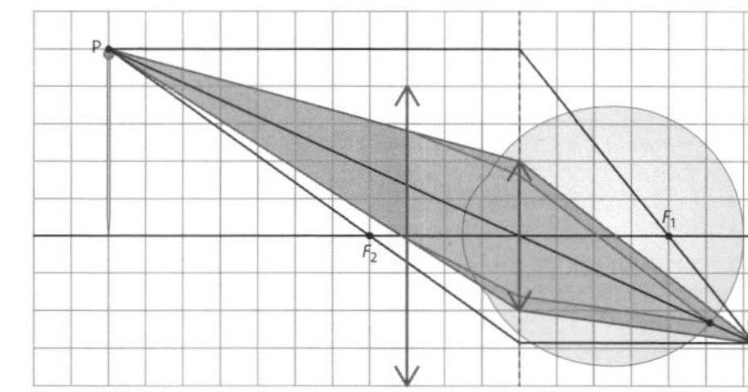

c Zeichne farbig das Lichtbündel ein, das vom Punkt P ausgeht, die Augenlinse durchdringt und auf den Bildpunkt P' trifft.

d ■ Beschreibe und erkläre, wie die Fehlsichtigkeit durch eine Brille korrigiert wird. Ergänze dazu die Zeichnung.

Zur Korrektur der Weitsichtigkeit wird eine Sammellinse verwendet. Dadurch läuft das divergente Lichtbündel des nahen Gegenstandspunkts vor dem Auge weniger weit auseinander. Der Bildpunkt P' liegt dann auf der Netzhaut. Dadurch erscheint das Bild der Stecknadel scharf auf der Netzhaut.

5 Fernrohr

Du sollst ein Fernrohr mit möglichst starker Vergrößerung bauen. Dir stehen Sammellinsen mit folgenden Brennweiten zur Verfügung: $f = 50$ mm; $f = 100$ mm; $f = 300$ mm; $f = 500$ mm.

a ■ Erstelle eine Skizze, die den Aufbau des Fernrohrs wiedergibt. Mache darin deutlich, welche der genannten Linsen in welcher Weise angeordnet sein müssen, und beschrifte Objektiv und Okular.

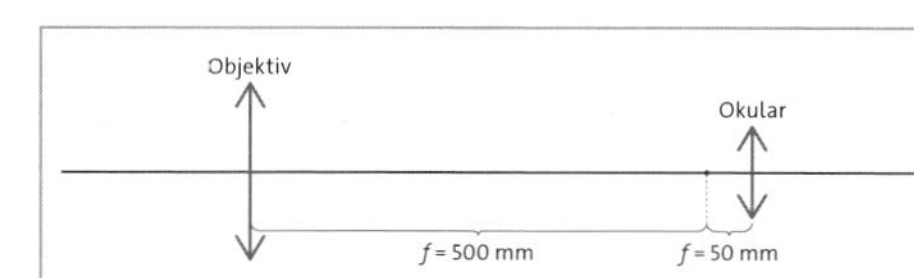

b Beschreibe jeweils die Aufgaben von Objektiv und Okular.

Das Objektiv hat die Aufgabe, ein Zwischenbild vom Gegenstand zu erzeugen. Das Okular dient dazu, den Sehwinkel zu vergrößern, unter dem das Zwischenbild des Gegenstands betrachtet wird.

Eigenschaften und Herstellung von Magneten

1 Ferromagnetische Stoffe

☐ Im Buchstabenrätsel sind drei ferromagnetische Stoffe versteckt. Finde ihre Namen und notiere sie.

Eisen

Nickel

Kobalt

I	A	K	U	P	F	E	R
Z	G	N	T	W	K	C	Z
I	E	I	S	E	N	M	E
N	V	C	W	A	S	S	E
K	E	K	O	B	A	L	T
U	Q	E	L	A	L	S	J
W	X	L	O	U	Z	P	K

2 Eigenschaften von Magneten – richtig oder falsch?

a ☐ Kreuze jeweils an, ob die Aussage richtig (r) oder falsch (f) ist.

	Aussage	r	f
1	Die Pole eines Magneten werden Plus- und Minuspol genannt.		X
2	Die gleichnamigen Pole zweier Magnete ziehen sich an.		X
3	Die Pole eines Magneten sind verschieden.	X	
4	Die magnetische Anziehung tritt auch ohne direkten Kontakt auf.	X	
5	Mit der Entfernung nimmt die magnetische Kraftwirkung eines Magneten ab.	X	

b ◩ Formuliere die falschen Aussagen aus Aufgabenteil **a** so um, dass sie stimmen.

1: Die Pole eines Magneten heißen Nord- und Südpol.

2: Die gleichnamigen Pole zweier Magnete stoßen sich ab.

3 Die Kraft eines Magneten

a ◩ Beschreibe, was du auf dem nebenstehenden Bild sehen kannst.

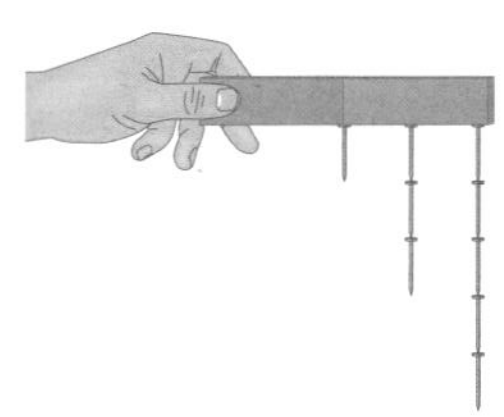

An dem Ende des Magneten hängen 5 Nägel.
Weiter innen hängen nur noch 3 und in der Mitte
hängt nur ein Nagel.

b ◩ Formuliere eine passende Schlussfolgerung. Verwende dabei folgende Begriffe:

Kraftwirkung • am stärksten • indifferente Zone • Pole.

Die Kraftwirkung eines Magneten ist am stärksten an seinen Polen.
Der Bereich zwischen den Polen heißt indifferente Zone.

4 Ausrichtung eines Stabmagneten

☐ Im nebenstehenden Bild siehst du einen Stabmagneten, der frei drehbar gelagert ist. Ergänze die Bezeichnungen der Pole des Stabmagneten.

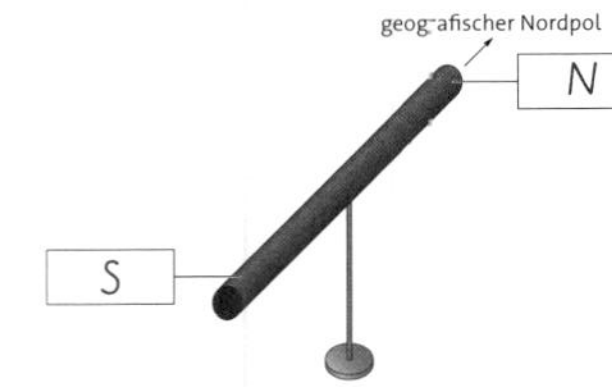

5 Verhalten magnetischer Pole

a ☐ Kreuze Zutreffendes an.

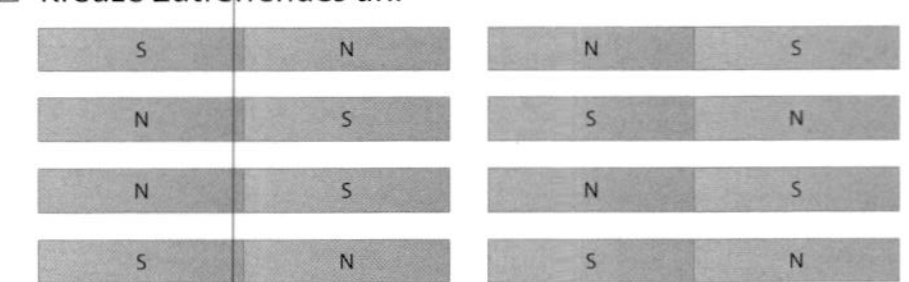

Die Magnete ziehen sich an.	Die Magnete stoßen sich ab.
	X
	X
X	
X	

b ☐ Vervollständige den Merksatz für das Verhalten der Magnetpole.

Gleichnamige Magnetpole *stoßen einander ab* und *ungleichnamige* Magnetpole *ziehen einander an*.

6 Schraubenkette

Werden Schrauben nacheinander an einen Magneten gehängt, entsteht eine Schraubenkette.

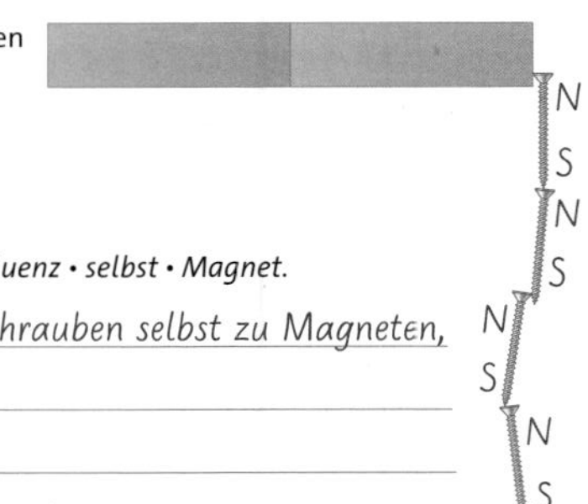

a ■ Erkläre, wieso die Schrauben aneinanderhaften.

Benutze für deine Erklärung folgende Wörter:

Nähe • magnetische Kraftwirkung magnetische Influenz • selbst • Magnet.

In der Nähe eines Magneten werden die Schrauben selbst zu Magneten,
dies nennt man magnetische Influenz.

b ◩ Zeichne jeweils den Nord- und den Südpol jeder Schraube ein.

7 Dauerhafte Magnetisierung

◩ Fülle die Lücken im Text, benutze dafür folgende Wörter:

Weicheisen • dauerhaft • kurzzeitig • Überstreichen • Dauermagnete • Stahl • magnetisiert.

Hartmagnetische Stoffe wie *Stahl* können im Gegensatz zu *Weicheisen* durch mehrmaliges *Überstreichen* mit einem Magneten *dauerhaft magnetisiert* werden. Man nennt sie dann *Dauermagnete*.

Elementarmagnete und Magnetfeld

1 Modell zum Aufbau ferromagnetischer Körper

a ☐ Beschreibe, wie wir uns den Aufbau ferromagnetischer Körper im unmagnetisierten und im magnetisierten Zustand in der Modellvorstellung vorstellen.

Wir stellen uns vor, dass ferromagnetische Körper aus kleinen Elementarmagneten bestehen, die selbst jeweils einen Nord- und Südpol besitzen. In einem unmagnetisierten ferromagnetischen Körpern sind die Elementarmagnete in bestimmten Bereichen gleichsinnig ausgerichtet. Ihre Wirkung hebt sich nach außen hin auf. Beim Magnetisieren werden die Elementarmagnete überall gleichsinnig ausgerichtet, so dass alle Nord- und Südpole der Elementarmagnete jeweils in die gleiche Richtung zeigen.

b **Julia:** *Wenn ich einen Stabmagneten in der Mitte zerbreche, dann erhalte ich einen Nordpol-Magneten und einen Südpol-Magneten.*

◩ Bewerte die Aussage mithilfe des Modells vom inneren Aufbau ferromagnetischer Körper.

Die Aussage ist falsch, da jeder Magnet aus vielen Elementarmagneten besteht, die selbst wiederum einen Nord- und einen Südpol haben. Zerbricht man einen Stabmagneten, erhält man zwei Magnete mit jeweils einem Nord- und einem Südpol.

2 Experimente mit einem Stabmagneten

a ☐ Die beiden Bilder zeigen zwei Versuche mit einem Stabmagneten. Beschreibe jeweils, was im Versuch gemacht wird und welche Auswirkung dies für den Stabmagneten hat.

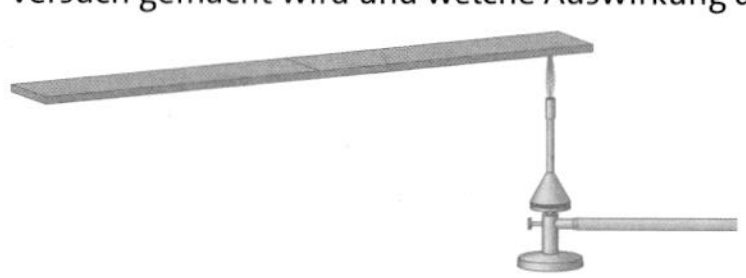

Ein Stabmagnet wird in die Flamme eines Gasbrenners gehalten. Der Stabmagnet wird durch starkes Erwärmen entmagnetisiert.

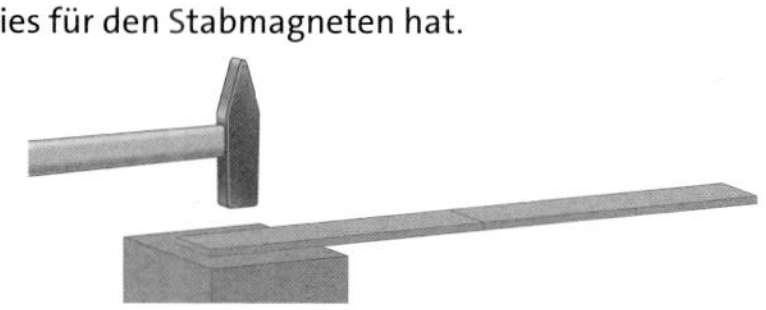

Auf einen Magneten wird mit einem Hammer eingeschlagen. Durch die Erschütterung wird der Magnet entmagnetisiert.

b ☐ Was geschieht mit den Elementarmagneten des Stabmagneten in den beiden Versuchen? Kreuze die richtigen Antworten an.

- ◯ Die Elementarmagnete werden dabei zerstört.
- ⊗ Die Elementarmagnete richten sich so aus, dass sich ihre Wirkung nach außen aufhebt.
- ⊗ Die Elementarmagnete geraten in Unordnung.
- ◯ Alle Elementarmagnete richten sich gleichsinnig in eine neue Richtung aus.

3 Feldlinienbilder zeichnen

◩ Zeichne die Feldlinienbilder der folgenden Magnete:

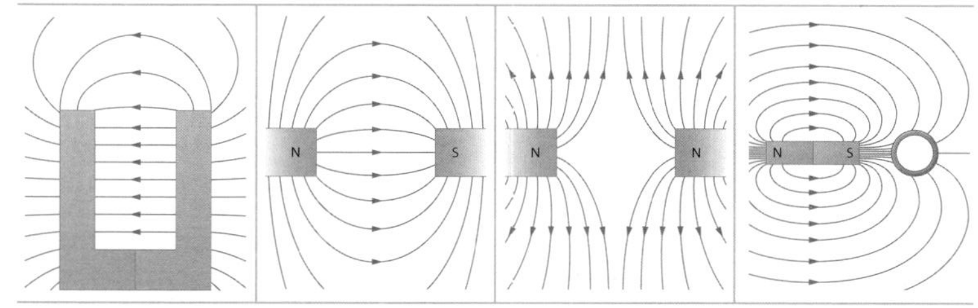

4 Ein fehlerhafter Text über Feldlinienbilder

a ◩ Streiche Falsches durch und schreibe die Sätze so um, dass richtige Aussagen entstehen.

Magnetische Feldlinienbilder lassen sich mithilfe von ~~Kupferspänen~~ herstellen. Dabei werden die Späne in der Nähe von Magneten durch ~~Magie~~ selbst zu Magneten. Späne, die auf einer Linie liegen, ~~stoßen sich gegenseitig ab~~. Späne, die auf benachbarten Linien liegen, ~~ziehen sich an~~.

Magnetische Feldlinienbilder lassen sich mithilfe von Eisenspänen herstellen. Dabei werden die Späne in der Nähe von Magneten durch magnetische Influenz selbst zu Magneten. Späne, die auf einer Linie liegen, ziehen sich gegenseitig an. Späne, die auf benachbarten Linien liegen, stoßen sich ab.

b ■ Tom sagt: „Die Linien aus Eisenspänen um einen Magneten sind die Feldlinien."
Erkläre Tom, warum seine Aussage nicht richtig ist, indem du auf den Modellcharakter der Feldlinien eingehst.

Feldlinien sind Modellvorstellungen, es gibt sie nicht wirklich. Feldlinien werden so dargestellt, dass sie Auskunft geben über Richtung und Betrag der magnetischen Kraft im Raum um einen Magneten. Feldlinien veranschaulichen somit die Struktur von Magnetfeldern. Der Verlauf der so gezeichneten Feldlinien entspricht weitestgehend der Anordnung der Eisenspäne um einen Magneten.

Prüfungsvorbereitung

1 Eigenschaften von Magneten

a ☐ Kreuze an, welche Aussage einen Magneten am besten beschreibt.

- ○ ein Gegenstand, der andere Gegenstände anzieht
- ⊗ ein Gegenstand, der Eisen, Nickel oder Kobalt anzieht
- ○ ein Gegenstand, der von Ferne schon Kräfte ausübt
- ○ ein Gegenstand, der Gegenstände aus Eisen abstößt

b ☐ Zeichne entweder anziehende (→←) oder abstoßende (←→) Kraftwirkung zwischen die dargestellten Stabmagnete. Formuliere dazu auch eine Merkregel.

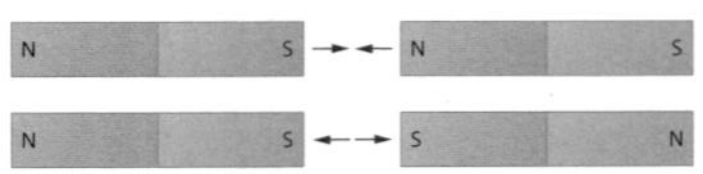

Gleichnamige Magnetpole stoßen einander ab, ungleichnamige ziehen einander an.

2 Magnet zerbrechen

a ☐ Der Magnet im Bild wird zerbrochen. Male die Bruchstücke so aus, dass ihre Polung richtig wiedergegeben wird.

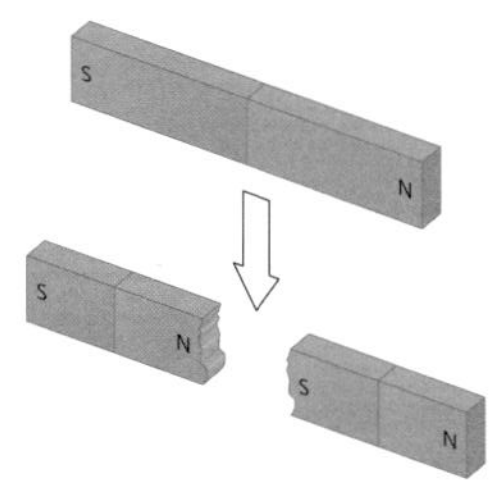

b ◩ Beschreibe nun in Worten, was passiert, wenn ein Magnet zerbrochen wird.

Wird ein Magnet zerbrochen, so entstehen zwei vollständige Magnete mit jeweils einem Nord- und einem Südpol. Die Kraftwirkung der Bruchstücke nimmt mit ihrer Größe ab.

c ◩ Gib eine Erklärung dafür. Gehe dazu auf den Aufbau eines ferromagnetischen Stoffs ein.

Alle ferromagnetischen Körper bestehen aus Elementarmagneten, die selbst wiederum einen Nord- und einen Südpol besitzen.

3 Magnetische Influenz

■ Beschreibe, was man unter magnetischer Influenz versteht, und erkläre das Phänomen mithilfe der Modellvorstellung.

Ein ferromagnetischer Stoff wird in der Nähe eines Magneten selbst zu einem Magneten. Beim Annähern des Magneten richten sich die Elementarmagnete im Inneren des ferromagnetischen Stoffs einheitlich aus, sodass er selbst zu einem Magneten wird.

4 Feldlinienbilder

a ◩ Im Bild siehst du ein Muster aus Eisenspänen, das durch Magnete entstanden ist. Kreuze Zutreffendes an.

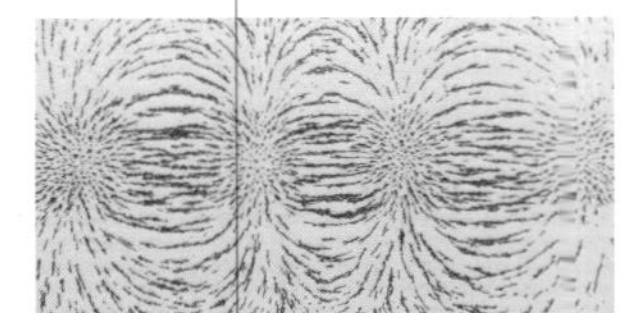

- ⊗ Eine Kompassnadel richtet sich entlang der Eisenspäne aus.
- ○ Die beiden Pole sind magnetische Monopole.
- ⊗ Die Magnete ziehen einander an.
- ○ Mit Kupferspänen ergibt sich ein ähnliches Muster.

b ◩ Feldlinien sind Modellvorstellungen. Erkläre den Nutzen dieser Modellvorstellung.

Feldlinien veranschaulichen die Struktur von Magnetfeldern. Sie geben Auskunft über die Richtung und den Betrag der magnetischen Kraftwirkung im Raum um einen Magneten.

c ◩ Nenne mindestens drei Aspekte, die beim Zeichnen von Feldlinien zu beachten sind.

Feldlinien verlaufen außerhalb des Magneten immer vom Nordpol zum Südpol. Je größer der Betrag der magnetischen Kraftwirkung an einer Stelle im Raum ist, umso dichter zeichnet man die Feldlinien an dieser Stelle. Feldlinien sind immer geschlossen. Feldlinien schneiden oder berühren sich nie.

d ◩ Ein Eisenring liegt neben einem Stabmagneten. Zeichne das Feldlinienbild des Stabmagneten innerhalb des Rechtecks. Zeichne zusätzlich an die Punkte A, B und C die Ausrichtung frei drehbarer Magnetnadeln:

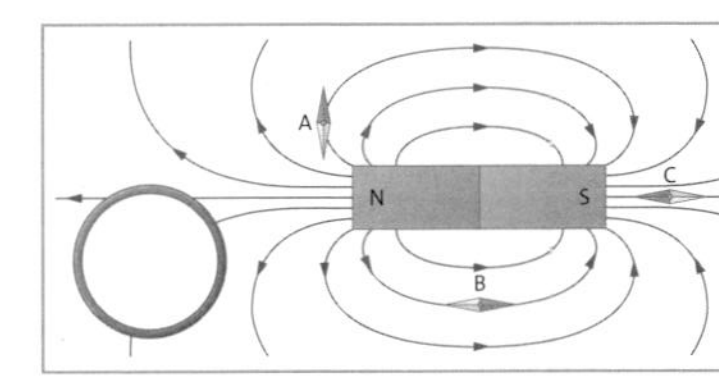

5 Erdmagnetfeld

◩ Zeichne in das Bild die Rotationsachse der Erde ein und beschrifte alle Pole (magnetische und geografische). Skizziere dann das Magnetfeld der Erde.

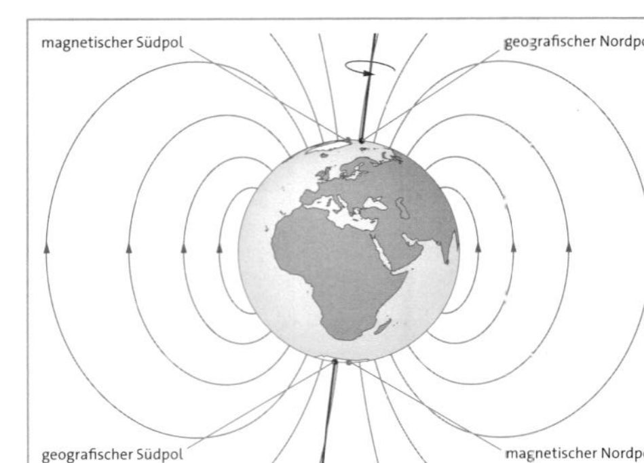

Elektrische Ladung

1 Luftballon und Haare

a ☐ Das Mädchen im Bild hat den Luftballon, der aus Kautschuk besteht, zuvor an ihren Haaren gerieben. Erkläre, warum die Haare nun am Ballon haften.

Durch das Reiben wurde Ladung getrennt, sodass Haare und Ballon entgegengesetzt geladen sind. Wird der Ballon anschließend in die Nähe der Haare gebracht, ziehen sich Ballon und Haare gegenseitig an.

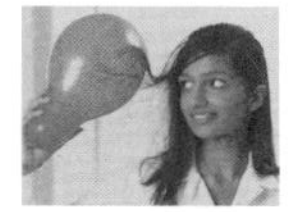

Stärke elektrische Ladungen zu binden nimmt zu.

b ☑ Ergänze mithilfe des nebenstehenden Ausschnitts der triboelektrischen Reihe die Darstellung der Vorgänge in der Modellvorstellung.

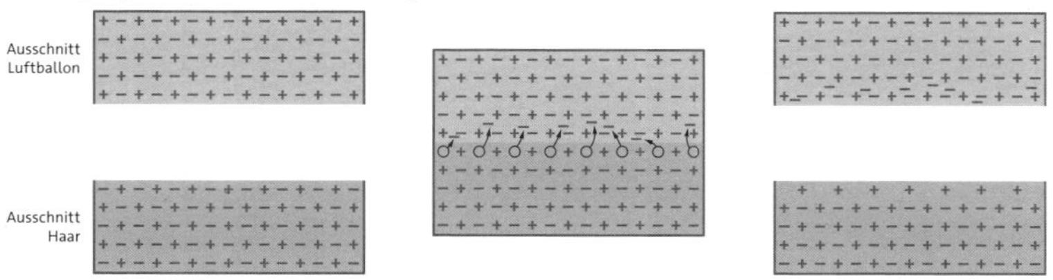

2 Logisch!

☐ Vier elektrisch geladene, mit Graphit überzogene Tischtennisbälle A, B, C und D hängen jeweils an einem Faden. Die Bilderreihe zeigt die Beobachtung beim Annähern je zweier Bälle. Gib die Ladungen der Bälle A, B und C an, wenn Ball D positiv geladen ist.

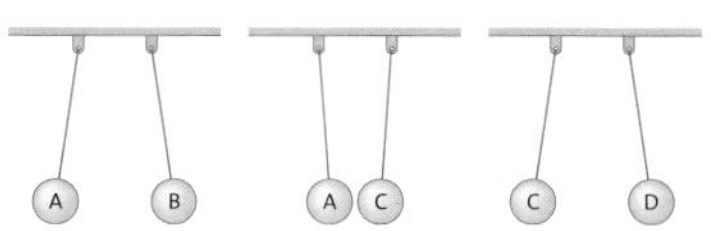

A: *negativ geladen*

B: *negativ geladen*

C: *positiv geladen*

3 Elektroskop

Bild 3 zeigt den prinzipiellen Aufbau eines Elektroskops.

a ☐ Beschrifte die gekennzeichneten Bauteile 1–5 des Elektroskops mit den Fachbegriffen.

b ☐ Ergänze den folgenden Lückentext so, dass damit die Funktionsweise eines Elektroskops beschrieben wird.

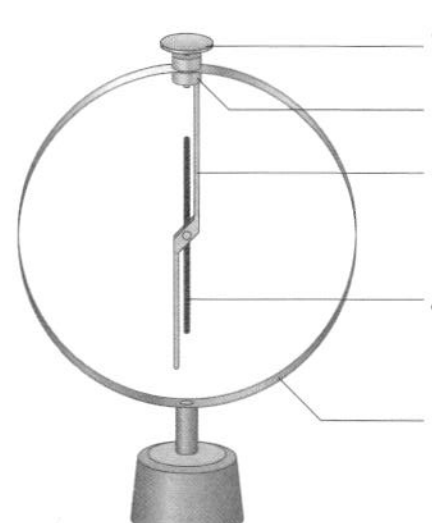

1. *Metallteller*
2. *Kunststoffisolierung*
3. *Metallstab*
4. *drehbar gelagerter Metallzeiger*
5. *Gehäusering*

Wird der Metallteller des Elektroskops mit einem *elektrisch geladenen Körper* berührt, geht ein Teil *der überschüssigen Ladung* auf den Metallstab und den Zeiger über. Da sich *gleichnamig geladene Körper gegenseitig abstoßen*, bewegt sich der *Metallzeiger* aus der Ruhelage heraus. Je *mehr Ladung* auf das Elektroskop aufgebracht wird, desto *größer sind die abstoßenden* Kräfte zwischen *Metallstab und Metallzeiger* und desto stärker wird der *Metallzeiger* ausgelenkt. Bauteil 2 sorgt dafür, dass keine *Ladung* auf *den Gehäusering* übergeht und zur *Erde* abfließt.

c ☑ Die Bilderreihe zeigt ein Experiment. Beschreibe die Durchführung und die Beobachtung.

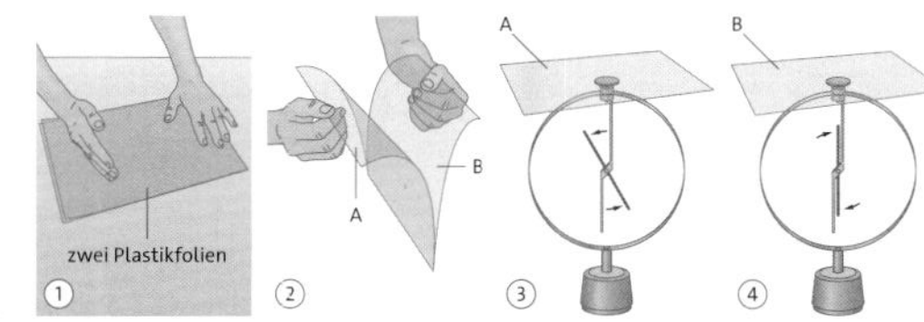

Zwei Plastikfolien A und B werden aufeinandergelegt und mit der Handkante fest aneinandergepresst. Dann werden die Folien wieder voneinander getrennt. Anschließend wird der Metallteller des Elektroskops zuerst mit Folie A berührt. Der Zeiger schlägt aus. Nach Berührung des Metalltellers mit Folie B bewegt sich der Zeiger wieder in die Ausgangsposition zurück.

d ■ Nutze das folgende Wortgeländer, um die Beobachtung zu erklären:

Aufeinanderpressen • negative Ladung • übergehen • Auseinanderziehen • positiv geladen • negativ geladen • Teller des Elektroskops • berühren • Zeiger und Metallstab • gleichnamig geladen • Zeigerausschlag • mit der anderen Folie • gleiche Menge entgegengesetzter Ladung • neutral • keine resultierende Kraftwirkung

Während des Aufeinanderpressens der Folien geht negative Ladung von einer auf die andere über. Nach dem Auseinanderziehen ist dann eine Folie positiv und die andere negativ geladen. Wird der Teller des Elektroskops mit einer der Folien berührt, werden Zeiger und Metallstab gleichnamig geladen. Diese Ladung wird durch den Zeigerausschlag angezeigt. Wird der Teller des Elektroskops anschließend mit der anderen Folie berührt, geht die gleiche Menge entgegengesetzter Ladung auf den Zeiger und Metallstab über. Dadurch sind Zeiger und Metallstab dann nach außen hin neutral. Es ist keine resultierende Kraftwirkung mehr festzustellen.

Ladungsmenge, Ladungsverteilung und Kern-Hülle-Modell

1 Ladungsmengen

a □ Michael hat eine Metallkugel mit einer Elektrizitätsquelle negativ aufgeladen und die Ladungsmenge der Kugel dann mit einem Ladungsmessgerät gemessen. Durch Rechnung hat er herausgefunden, dass die Metallkugel einen Überschuss von etwa $1{,}0 \cdot 10^9$ Elektronen hatte. Berechne die Ladungsmenge, die das Ladungsmessgerät angezeigt hat.

Geg.: $n = 1{,}0 \cdot 10^9$; $e = 1{,}602 \cdot 10^{-19}\,C$

Ges.: Q

$Q = n \cdot e$; $Q = 1{,}0 \cdot 10^9 \cdot 1{,}602 \cdot 10^{-19}\,C$; $Q = 1{,}6 \cdot 10^{-10}\,C$

Das Ladungsmessgerät hat eine Ladungsmenge von $1{,}6 \cdot 10^{-10}\,C$ angezeigt.

b Lisa geht mit Gummisohlen über einen Teppichboden. Dabei lädt sich ihr Körper gleichnamig auf. Beim anschließenden Berühren einer Türklinke findet eine elektrische Entladung statt, bei der eine Ladungsmenge von $1{,}0 \cdot 10^{-10}\,C$ übertragen wird. Berechne die Anzahl der Elektronen, die dabei von Lisa auf die Türklinke übergehen.

Geg.: $Q = 1{,}0 \cdot 10^{-10}\,C$; $e = 1{,}602 \cdot 10^{-19}\,C$

Ges.: n

$Q = n \cdot e$; $n = \frac{Q}{e}$; $n = \frac{1{,}0 \cdot 10^{-10}\,C}{1{,}602 \cdot 10^{-19}\,C}$; $n = 6{,}2 \cdot 10^8$

$6{,}2 \cdot 10^8$ Elektronen sind von Lisa auf die Türklinke übergegangen.

2 Blitzeinschlag

■ Bei einem Gewitter sind der untere Bereich der Gewitterwolke und die Erde entgegengesetzt geladen. Erkläre, warum Blitze vorzugsweise in spitze Objekte wie Kirchturmspitzen einschlagen.
Tipp: Nutze dein Wissen über die Ladungsverteilung ungleichmäßig geformter Körper.

Bei einem unregelmäßig geformten Körper ist die Ladungsdichte an den Stellen am größten, die die größte Krümmung aufweisen. An Spitzen ist somit mehr Ladung vorhanden als an weniger gekrümmten Stellen. Ein Kirchturm stellt eine Spitze dar. Die elektrischen Kräfte zwischen der Wolkenunterseite und dem Kirchturm sind demnach sehr groß. Die Wahrscheinlichkeit, dass sich dieser Ladungsunterschied durch einen Ladungsfluss in Form eines Blitzes ausgleicht, ist demnach dort größer als an anderen Stellen.

3 Experiment von Rutherford

In der Grafik ist der prinzipielle Aufbau des Streuexperiments von E. Rutherford und seinen Mitarbeitern dargestellt. Aus den Erkenntnissen des Streuexperiments leitete Rutherford das Kern-Hülle-Modell ab.

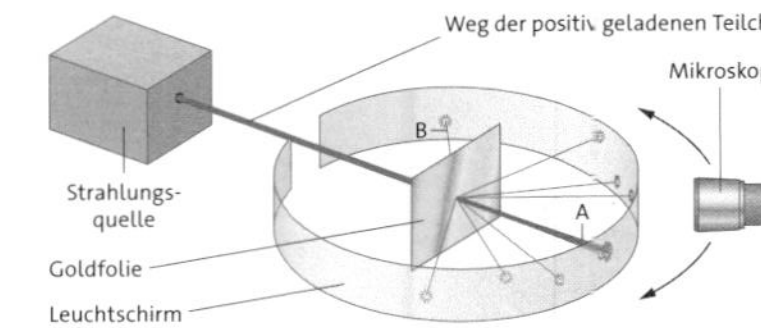

a Beschreibe die Funktion von Leuchtschirm und Mikroskop im Experiment.

Wenn auf den Leuchtschirm positiv geladene Teilchen treffen, kann man im Mikroskop erkennen, dass der Auftreffpunkt aufleuchtet. So kann nachvollzogen werden, wie sich die Teilchen nach dem Auftreffen auf die Goldfolie weiterbewegen.

b ■ Erkläre, welche Erkenntnisse Rutherford aus dem Verlauf der mit A und B bezeichneten Teilchenwege für den Aufbau der Atome in der Goldfolie ableitete.

A: *Da der größte Teil der Strahlen, die auf die Goldfolie auftreffen, ungehindert durch diese hindurchgehen, schlussfolgerte Rutherford, dass der größte Teil der Goldatome aus leerem Raum bestehen muss.*

B: *Da nur einige wenige positiv geladene Teilchen, die auf die Goldfolie auftreffen, „zurückgeworfen" werden, schlussfolgerte Rutherford, dass ein Goldatom aus einem positiv geladenen Kern bestehen muss, der im Vergleich zur Atomhülle sehr viel kleiner sein muss.*

c Atome sind nach außen hin elektrisch neutral. Beschreibe, wie dies im Kern-Hülle-Modell erklärt wird.

In der Atomhülle bewegen sich negativ geladene Elektronen um den Atomkern. Im Atomkern befinden sich positiv geladene Teilchen, man nennt sie Protonen. Die Anzahl an Protonen im Kern ist genauso groß wie die Anzahl an Elektronen in der Hülle. Das Atom enthält dadurch genau gleich viel negative und positive Ladung. Deshalb ist ein Atom nach außen hin elektrisch neutral.

Elektrische Influenz

1 Elektrische Influenz in Metallen

Die Bilderfolge veranschaulicht ein Experiment mit drei Metallkugeln auf Isolierstielen.

a □ Beschreibe die Durchführung und die Beobachtungen in der zweiten Spalte.

b ■ Erkläre dann die Vorgänge in der Modellvorstellung in der dritten Spalte.

Bilderfolge	Durchführung und Beobachtung	Modellvorstellung
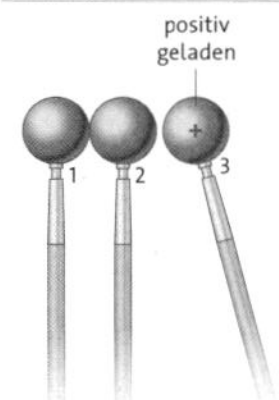	*Zwei Metallkugeln 1 und 2 sind jeweils auf Isolierstielen befestigt und berühren sich. Eine positiv geladene Metallkugel 3 wird Kugel 2 angenähert.*	*Die freien Elektronen in den Kugeln 1 und 2 bewegen sich in Richtung der positiv geladenen Kugel 3. Dabei gehen Elektronen von Kugel 1 auf Kugel 2 über.*
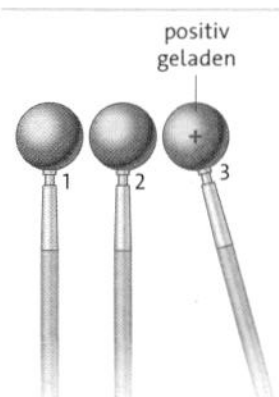	*Kugel 1 wird von Kugel 2 getrennt. Die positiv geladene Kugel 3 verändert ihre Position dabei nicht.*	*Nach Trennung der Kugeln herrscht auf Kugel 1 ein Elektronenmangel und auf Kugel 2 ein Elektronenüberschuss. Die Ladungsmenge ist für beide Kugeln gleich groß.*
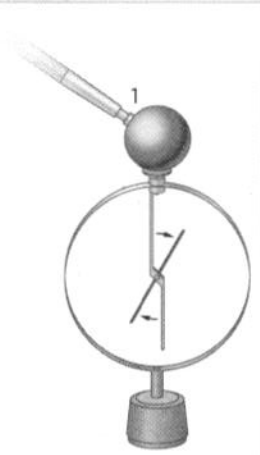	*Der Metallteller eines Elektroskops wird mit Kugel 1 berührt. Der Zeiger des Elektroskops schlägt aus.*	*Ein Teil der freien Elektronen in Metallstab und -zeiger geht auf Kugel 1 über. Metallzeiger und Metallstab sind nun positiv geladen und zwischen ihnen wirken abstoßende elektrische Kräfte.*
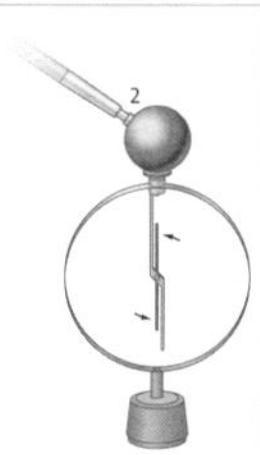	*Der Metallteller des Elektroskops wird mit Kugel 2 berührt. Der Zeiger des Elektroskops bewegt sich in die Ausgangsposition zurück.*	*Ein Teil der freien Elektronen aus Kugel 2 geht auf Metallzeiger und -stab über. Auf ihnen befindet sich dann annähernd gleich viel positive und negative Ladung.*

2 Verpackungsmaterial – Elektrische Influenz in Nichtmetallen

In einem Postpaket wurde Füllmaterial aus Styropor benutzt.
Tina stellt fest, dass diese Styroporchips an ihrem Pullover haften bleiben.

a □ Eine mögliche Ursache ist, dass die Styroporchips sich durch den Transport elektrisch aufgeladen haben. Sortiere die Textpuzzleteile so, dass erklärt wird, warum die Styroporchips dann am Pullover haften.

1 in denen einmal die negative Ladung und einmal die positive Ladung überwiegt.

2 kommt es zu anziehenden elektrischen Kräften.

3 den entgegengesetzt geladenen Bereichen der Dipole

4 der elektrisch geladenen Styroporchips zu einer Ladungsverschiebung.

5 Deshalb haften die Styroporchips am Pullover.

6 In den Molekülen entstehen zwei sich gegenüberliegende Bereiche,

7 Man sagt: Die Moleküle werden zu elektrischen Dipolen.

8 In den Molekülen des Pullovers kommt es in der Nähe

9 Die Dipole richten sich so aus, dass

10 Zwischen den Styroporchips und

11 die entgegengesetzt geladenen Bereiche in Richtung der Styroporchips zeigen.

Richtige Reihenfolge:											
	8	*4*	*6*	*1*	*7*	*9*	*11*	*10*	*3*	*2*	*5*

b ◩ Ein weitere mögliche Ursache für das Anhaften kann sein, dass nicht die Styroporchips, sondern der Pullover elektrisch aufgeladen ist. Erkläre das Verhalten der elektrisch neutralen Styroporchips in diesem Fall.

In den Molekülen der Styroporchips kommt es in der Nähe des elektrisch geladenen Pullovers zu einer Ladungsverschiebung. In den Molekülen entstehen zwei sich gegenüberliegende Bereiche, in denen einmal die negative Ladung und einmal die positive Ladung überwiegt. Man sagt: Die Styropormoleküle werden zu elektrischen Dipolen. Die Dipole richten sich so aus, dass die entgegengesetzt geladenen Bereiche in Richtung des geladenen Pullovers zeigen. Zwischen dem Pullover und den entgegengesetzt geladenen Bereichen der Dipole kommt es zu anziehenden elektrischen Kräften. Deshalb haften die Styroporchips am Pullover.

Elektrisches Feld

1 Feldlinienbilder interpretieren

In einem Experiment wurden verschiedene elektrisch geladene Körper in einer Schale mit Rizinusöl und Grießkörnern platziert. Die Grießkörner richteten sich jeweils wie in der Fotofolge aus.

a Ergänze in den Zeichnungen unter den Fotos die Ladung des zweiten Körpers, sodass dadurch die Ausrichtung der Grießkörner erklärt wird. Zeichne dann jeweils das idealisierte Feldlinienbild ein.

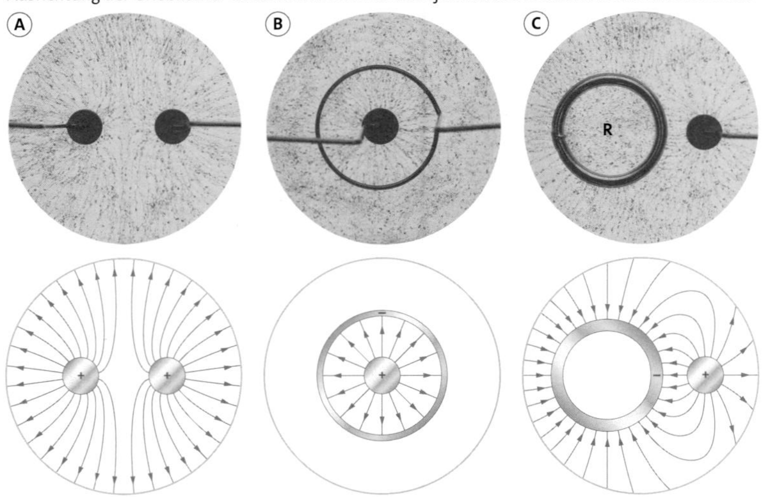

b Beschreibe die Besonderheit des gekennzeichneten Bereichs R. Nenne zwei Beispiele aus dem Alltag, in denen ein solcher Bereich von Bedeutung ist.

Der gekennzeichnete Bereich ist ein elektrisch feldfreier Raum.
Das Innere eines Autos oder eines abgeschirmten Telefonkabels sind solche feldfreien Räume.

c Elektrische Feldlinien sind Modellvorstellungen. Erkläre den Nutzen dieser Modellvorstellung.

Elektrische Feldlinien veranschaulichen die Struktur von elektrischen Feldern. Sie werden so dargestellt, dass sie Auskunft geben über die Richtung und den Betrag der elektrischen Kraft, die im Raum um elektrisch geladene Körper auf andere geladene Körper wirken. Der Verlauf der so gezeichneten Feldlinien entspricht weitestgehend der Anordnung der Grießkörner um elektrisch geladene Körper.

2 Fehlersuche

Das nebenstehende Feldlinienbild enthält einige Fehler.

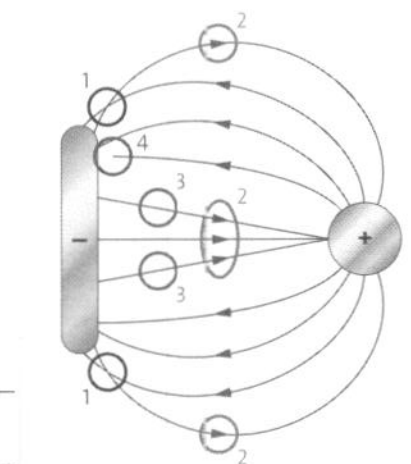

a Markiere alle Fehler.

b Nummeriere die markierten Fehler und begründe jeweils, warum die Darstellung der Feldlinien dort nicht stimmt.

1: Feldlinien dürfen sich nicht verzweigen oder schneiden.
2: Es wurde festgelegt, dass elektrische Feldlinien in Richtung der Kraft zeigen, die auf eine positive Probeladung wirkt, also von einem positiv geladenen Körper in Richtung eines negativ geladenen Körpers.
3: Feldlinien stehen senkrecht auf der Oberfläche von geladenen Körpern. Dies ist bei den beiden Linien nicht der Fall.
4: Feldlinien beginnen und enden an der Oberfläche von Ladungen.

3 Elektrisches Feld bei Gewitter

Das Bild zeigt eine Gewitterwolke über der Erdoberfläche. Nimm an, dass die Unterseite der Gewitterwolke negativ und die Erdoberfläche positiv geladen ist.

a Ergänze die im Bild eingezeichneten Feldlinien, sodass ein möglichst realistisches Feldlinienbild entsteht. Achte darauf, alle Eigenschaften elektrischer Feldlinien zu beachten.

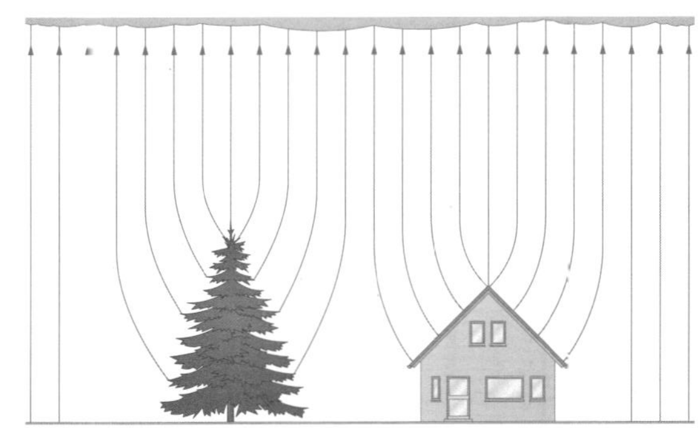

b Begründe mithilfe des Feldlinienbilds, dass ein Blitz wahrscheinlich im Baum oder im Hausgiebel einschlagen wird.

An diesen Stellen ist die Feldliniendichte besonders groß. Damit ist dort auch der Betrag der elektrischen Kraft, die auf die geladene Wolke wirkt, besonders groß. Deshalb ist es wahrscheinlicher, dass eine Entladung der Wolke in Form eines Blitzes über diesen Stellen erfolgen wird.

Prüfungsvorbereitung

1 Elektrische Influenz

☐ Beschreibe, was man unter elektrischer Influenz versteht.

Unter elektrischer Influenz versteht man die Erscheinung, dass sich elektrisch neutrale Körper in der Nähe eines elektrisch geladenen Körpers wie entgegengesetzt geladen verhalten, dort also eine anziehende Kraft erfahren.

2 Pfeffer und Salz

In einem Buch mit Experimentieranleitungen kann man die folgende Versuchsanleitung finden: „Trennung von Pfeffer und Salz: Stelle eine kleine Menge einer Mischung aus Kochsalz und gemahlenem Pfeffer her und streue diese auf eine Tischplatte. Reibe eine Kuchenschaufel aus Kunststoff mit einem Baumwollhandtuch. Halte die Kuchenschaufel in die Nähe des Gemischs. Die Kuchenschaufel zieht den Pfeffer an, der dann an der Kuchenschaufel haftet."

a ☑ Erkläre die Anziehung des Pfeffers in einer geeigneten Modellvorstellung.

Durch das Reiben mit dem Baumwollhandtuch wird die Kuchenschaufel elektrisch aufgeladen. Wird die Kuchenschaufel in die Nähe des Pfeffers gebracht, werden die Moleküle des Pfeffers durch Ladungsverschiebungen zu elektrischen Dipolen. Die Kuchenschaufel und die entgegengesetzt geladenen Bereiche der Dipole ziehen sich gegenseitig an.

b ☑ Berechne die Anzahl der Elektronen, die beim Reiben auf die Kunststoffschaufel übergehen, unter der Annahme, dass ihre Ladung nach dem Reiben 1,0 µC beträgt.

Geg.: $Q = 1{,}0 \cdot 10^{-6}\,C$, $e = 1{,}602 \cdot 10^{-19}\,C$; Ges.: n

$$Q = n \cdot e;\; n = \frac{Q}{e};\; n = \frac{1{,}0 \cdot 10^{-6}\,C}{1{,}602 \cdot 10^{-19}\,C};\; n = 6{,}2 \cdot 10^{12}$$

Beim Reiben gehen $6{,}2 \cdot 10^{12}$ Elektronen auf die Kunststoffschaufel über.

3 Zitteraal

Der Zitteraal ist ein ca. 1,5 m langer Fisch, der seine Beute mit elektrischen Entladungen lähmen kann. Sein Kopf ist positiv und sein Schwanz negativ geladen.

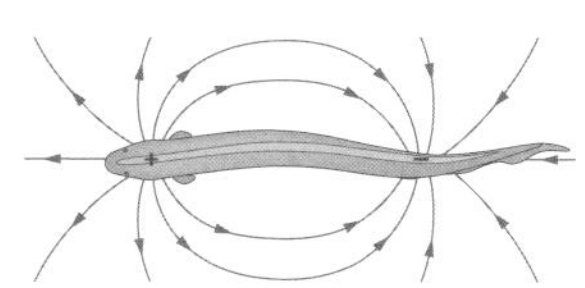

a ☐ Zeichne das Feldlinienbild unter Angabe der vereinbarten Richtung in der Nähe des Zitteraals ein.

b ☐ Gib an, um was für einen Körper es sich im physikalischen Sinn bei einem Zitteraal handelt.

Es handelt sich um einen elektrischen Dipol.

4 Elektrostatisches Beschichten

Metallische Oberflächen können durch elektrostatisches Beschichten mit einem Überzug aus Farbpartikeln versehen werden. Das Bild zeigt das Funktionsprinzip.

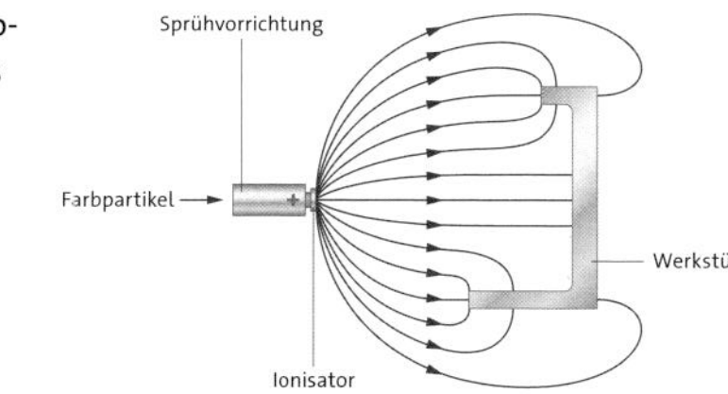

a ☐ Im Ionisator werden die Farbmoleküle, aus denen die Farbpartikel bestehen, zu positiv geladenen Ionen. Beschreibe, was dabei in der Modellvorstellung geschieht.

Ein elektrisch neutrales Farbmolekül gibt ein oder mehrere Elektronen ab, sodass in dem Molekül dann die positive Ladung des Atomkerns die negative Ladung der Elektronen überwiegt.

b ☐ Gib an, um was es sich bei den im Bild eingezeichneten bogenförmigen „Linien" handelt, und erläutere ihre Bedeutung für den Beschichtungsvorgang.

Es handelt sich um den Verlauf der elektrischen Feldlinien zwischen der Sprüheinrichtung und dem entgegengesetzt geladenen Werkstück. Die Linien geben die Richtung der Kraft an, die auf die positiv geladenen Farbpartikel an der jeweiligen Stelle wirkt. Die geladenen Farbpartikel werden entlang der Linien in Richtung des negativ geladenen Werkstücks beschleunigt.

5 Sicherer Aufenthaltsort bei Gewitter

a ☑ In einem Versuch wird gezeigt, dass ein Auto ein sicherer Aufenthaltsort bei Gewitter ist. Beschreibe eine mögliche Versuchsdurchführung, die zu dem gezeigten Ergebnis führt.

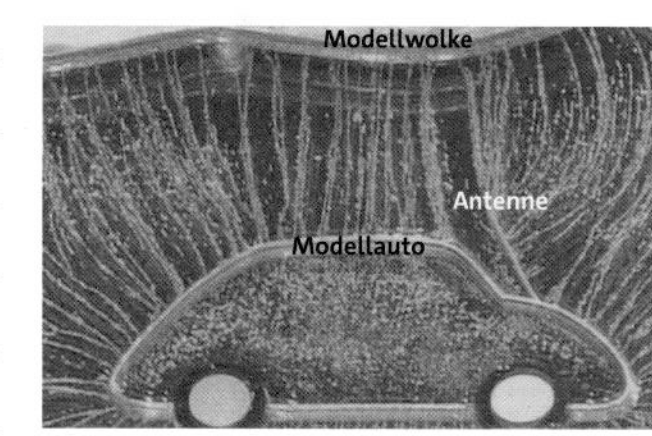

In dem Versuch befinden sich ein Modellauto und eine Modellwolke aus Metall in einer Schale, die mit Rizinusöl gefüllt ist. In das Rizinusöl sind fein verteilt Grießkörner eingestreut worden. Mit einer Elektrizitätsquelle werden das Modellauto und die Modellwolke ungleichnamig aufgeladen.

b ☑ Erkläre, wieso Insassen eines Autos bei Gewitter vor den tödlichen Folgen eines Blitzeinschlags geschützt sind.

Ein Auto ist im Prinzip ein metallischer Hohlkörper. Das Innere eines Autos ist demnach ein elektrisch feldfreier Raum. Die Ladungen des Blitzes werden über die Außenseite zur Erde abgeleitet.

Elektrische Stromkreise und Sicherungen im Haushaltsstromnetz

1 Merksatz

□ Vervollständige den Merksatz.

Ein elektrischer Stromkreis ist eine Verknüpfung aus *Elektrizitätsquelle*, *elektrischem Gerät* und *Verbindungsleitungen*. Damit ein elektrisches Gerät funktioniert, muss es mit der korrekten *Spannung* betrieben werden. Diese lässt sich anhand der Aufschrift seiner *Betriebsdaten* erkennen.

2 Schaltpläne zeichnen

◪ Zeichne unter die folgenden Stromkreise den zugehörigen Schaltplan:

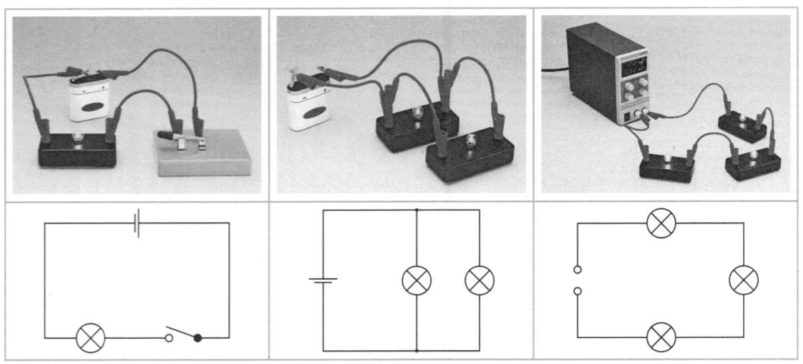

3 Toms Stromkreis

Tom will eine Gartenlampe mit einer Batterie betreiben. Er erstellt dafür den nebenstehenden Schaltplan.

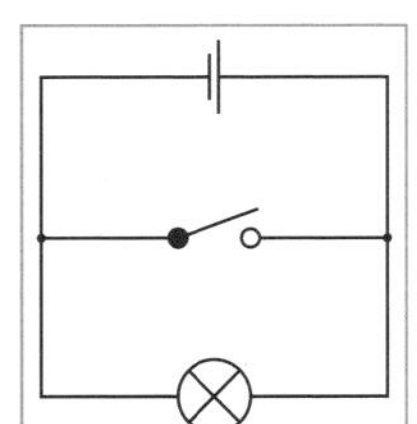

a ◪ Bewerte Toms Stromkreis.

Tom sollte den Stromkreis nicht so aufbauen, denn er enthält einen Kurzschluss.

b ■ Beschreibe, was passiert, wenn Tom den Schalter schließt.

Das Lämpchen wird nicht leuchten und die Verbindungsleitungen werden sehr heiß.

c ■ Beschreibe, wie du die Schaltung verändern würdest, und erstelle einen neuen Schaltplan unter Toms Plan.

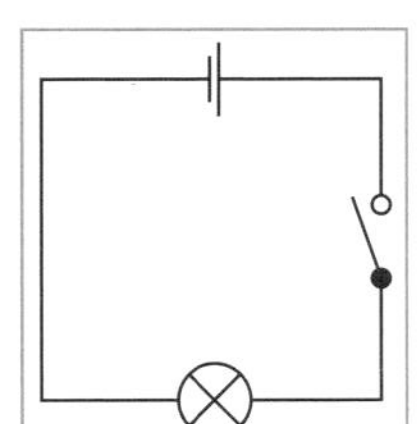

Ich würde die Verbindungsleitung mit dem Schalter entfernen und den Schalter an einer anderen Stelle einbauen.

4 Sicherung des Haushaltsstromnetzes

a □ Benenne die Bauteile in der vereinfachten Darstellung eines Haushaltsstromkreises mit den Fachbegriffen. Ordne anschließend die nebenstehenden Beschreibungen jeweils dem zugehörigen Bauteil zu.

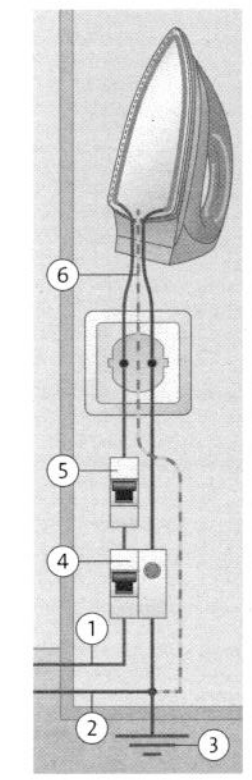

1 *Außenleiter*
2 *Neutralleiter*
3 *Erdung/Hauserder*
4 *Fehlerstromschutzschalter*
5 *Leitungsschutzschalter*
6 *Schutzleiter*

Unterbricht den Stromkreis bei kurzzeitig, hohen Stromstärken (Kurzschluss) und schützt so die Leitungen vor Kabelbrand.

Ist mit dem Metallgehäuse von elektrischen Geräten verbunden und führt bei leitender Berührung des Außenleiters mit dem Metallgehäuse zu einem Kurzschluss.

Unterbricht den Stromkreis, sobald die Stromstärke im Neutral- und Außenleiter voneinander abweichen, und schützt so den Menschen vor der tödlichen Gefahr bei Kontakt mit dem Außenleiter.

b ◪ Erkläre, warum die Situation im nebenstehenden Bild ohne vorhandene Sicherheitseinrichtungen eine lebensbedrohliche Gefahr für den Menschen darstellt.

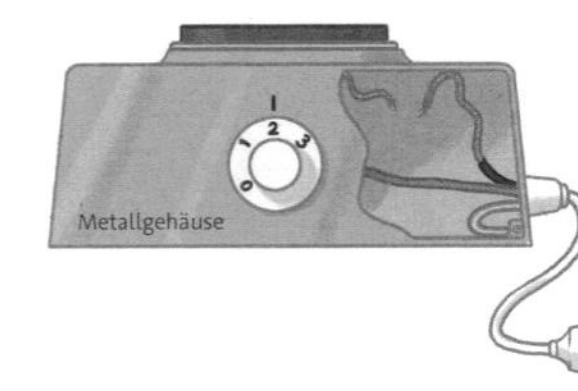

Im Bild ist die isolierende Ummantelung des Außenleiters defekt, sodass er leitenden Kontakt mit dem Metallgehäuse der Kochplatte hat. Für den Menschen besteht Gefahr, wenn er in leitenden Kontakt mit dem Außenleiter gerät, da der Stromkreis dann über den Menschen und die Erde geschlossen wird. Bei Berührung des Metallgehäuses besteht deshalb für den Menschen ohne Sicherheitseinrichtungen Lebensgefahr.

c ◪ Beschreibe die Sicherheitseinrichtung, die den Menschen vor der Gefahr in Aufgabenteil b schützt.

Der Schutzleiter verbindet das Metallgehäuse der Kochplatte mit dem Hauserder. Sobald der Außenleiter das Metallgehäuse leitend berührt, entsteht somit ein Kurzschluss und der Leitungsschutzschalter unterbricht den Stromkreis.

Elektrische Stromstärke

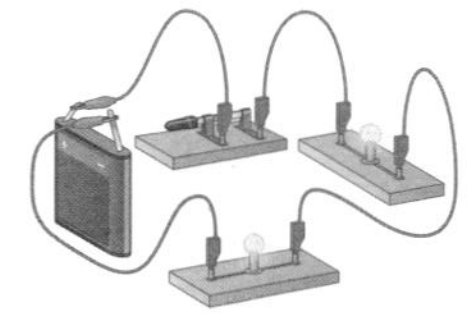

1 Messung der elektrischen Stromstärke

Klara hat den nebenstehenden Stromkreis aufgebaut und möchte die elektrische Stromstärke zwischen den beiden Glühlampen mithilfe eines analogen Stromstärkemessgeräts messen.

a □ Erstelle im folgenden Kästchen einen Schaltplan, der zeigt, wie Klara das Stromstärkemessgerät in den Stromkreis einbauen muss. Benenne diese Art der Schaltung.

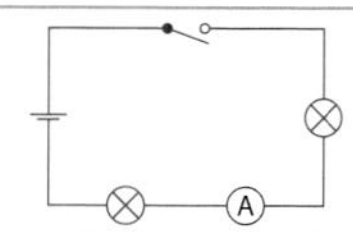

Das Stromstärkemessgerät wird in Reihe geschaltet.

b Das korrekt zwischen den Glühlämpchen eingebaute Stromstärkemessgerät zeigt einen Wert von 45 mA an. Klara misst anschließend im gleichen Stromkreis die Stromstärke zwischen der Batterie und einem Lämpchen. Gib an, welche Stromstärke sie messen wird. Begründe deine Angabe mithilfe der Definition der Stromstärke.

Klara wird wieder eine Stromstärke von 45 mA messen. Die Stromstärke gibt an, wie viele Elektronen pro Sekunde an einer bestimmten Stelle durch den Leiterquerschnitt fließen. Da im Stromkreis keine Elektronen verloren gehen, ist in einem unverzweigten Stromkreis die Stromstärke an jeder Stelle gleich.

2 Rechnen

Berechne die fehlenden Werte in der Tabelle. Notiere in den Kästchen jeweils den vollständigen Rechenweg. Achte im Endergebnis auf die richtige Anzahl gültiger Ziffern.

I	Q	t
$I = \frac{Q}{t}$ $\Leftrightarrow I = \frac{3{,}25\,C}{2{,}3\,s}$ $\Leftrightarrow I = 1{,}4\,A$	3,25 C	2,3 s
5,7 A	22,5 C	$t = \frac{Q}{I}$ $\Leftrightarrow t = \frac{22{,}5\,C}{5{,}7\,A}$ $\Leftrightarrow t = 3{,}9\,s$
78,1 mA	$Q = I \cdot t$ $\Leftrightarrow Q = 0{,}0781\,A \cdot 12{,}1\,s$ $\Leftrightarrow Q = 0{,}945\,C$	12,1 s

3 Kaufberatung Elektroauto

Der Hersteller eines Elektroautos wirbt mit folgenden Angaben:

Akkukapazität: 170 Ah (entspricht 60,0 kWh)
Typische benötigte Ladungsmenge für 100 km: 36,7 Ah
Mittlerer Ladestrom an der Haushaltssteckdose: 10,5 A
Mittlerer Ladestrom an speziellen Stromtankstellen: 341 A
Strompreis für 1 kWh: 28 cent

a Entnimm der Anzeige zunächst alle physikalischen Angaben und notiere sie in der Form: Größensymbol = Zahlenwert · Einheit

$Q_{Akku} = 170\,Ah;\ E_{Akku} = 60\,kWh$

$Q_{benötigt} = \frac{36{,}7\,Ah}{100\,km};\ I_{HS} = 10{,}5\,A;\ I_{ST} = 341\,A$

b Berechne, wie weit man mit dem Auto bei vollem Akku fahren kann.

Geg.: $Q_{benötigt} = \frac{36{,}7\,Ah}{100\,km};\ Q_{Akku} = 170\,Ah$; Ges.: s

$s = \frac{Q_{Akku}}{Q_{benötigt}};\ s = \frac{170\,Ah}{\frac{36{,}7\,Ah}{100\,km}};\ s = \frac{170\,Ah \cdot 100\,km}{36{,}7\,Ah};\ s = 463\,km$

c Berechne, wie lange es dauert, den komplett leeren Akku an der Haushaltssteckdose und an einer Stromtankstelle voll aufzuladen.

Geg.: $Q_{Akku} = 170\,Ah;\ I_{HS} = 10{,}5\,A;\ I_{ST} = 341\,A$; Ges.: t_{HS} und t_{ST}

$I = \frac{Q}{t};\ t = \frac{Q}{I}$

Haushaltssteckdose: $t_{HS} = \frac{Q_{Akku}}{I_{HS}};\ t_{HS} = \frac{170\,Ah}{10{,}5\,A};\ t_{HS} = 16{,}2\,h$

Stromtankstelle: $t_{ST} = \frac{Q_{Akku}}{I_{ST}};\ t_{ST} = \frac{170\,Ah}{341\,A};\ t_{ST} = 0{,}500\,h$

d Berechne, wie viel eine komplette Akkuladung beim angegebenen „Strompreis" kostet.

$60{,}0\,kWH \cdot 28\,\frac{cent}{kWh} = 1680\,cent = 17\,€$

e Formuliere die Angabe des „Strompreises" so um, dass sie physikalisch sinnvoll ist.

Wenn 1 kWh elektrische Energie in nutzbare Energie und innere Energie umgewandelt wird, beträgt der Preis für diese Energiemenge 28 cent.

Elektrischer Strom – Wo er fließt und was er macht

1 Merksatz

☐ Vervollständige den Merksatz.

Alle *Metalle* sind gute elektrische Leiter. Glas, Keramik und Kunststoffe sind *Isolatoren*. *Flüssigkeiten* können sowohl Leiter als auch Nichtleiter sein, wohingegen *Gase* in der Regel Isolatoren sind. Bei *hohen Spannungen* können Gase unter bestimmten Voraussetzungen zu Leitern werden. Der menschliche Körper ist ein *Leiter*. Der elektrische Strom hat in metallischen Leitern und Graphit eine starke *Wärmewirkung*, in Flüssigkeiten eine *chemische Wirkung* und in Gasen eine *Leuchtwirkung*. Der elektrische Strom verursacht immer ein *Magnetfeld*, das bei ferromagnetischen Stoffen eine *magnetische* Kraftwirkung hervorruft.

2 Wirkungen des elektrischen Stroms

a ☐ Nenne jeweils die Wirkung des elektrischen Stroms, die gezeigt ist.

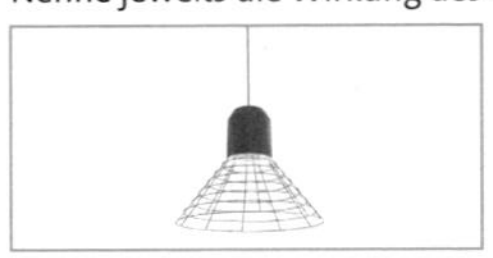

Leuchtwirkung

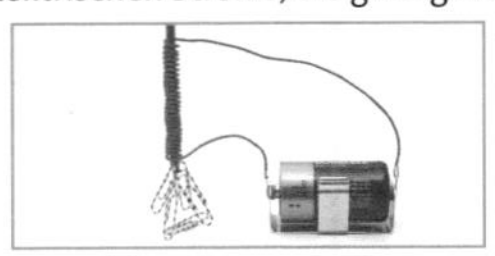

magnetische Wirkung

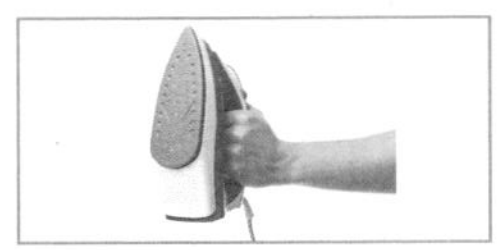

Wärmewirkung

b ☐ Finde die 6 elektrischen Geräte im Buchstabenrätsel und ordne sie den Wirkungen zu.

E	R	L	W	J	B	K	O	T	H	B	C	N	P
F	V	E	L	E	K	T	R	O	L	Y	S	E	K
K	H	D	U	Z	Q	O	J	A	J	D	V	O	L
P	E	H	E	I	Z	K	I	S	S	E	N	N	S
L	H	E	I	Z	L	Ü	F	T	E	R	W	R	D
I	U	C	K	M	N	T	C	E	D	Z	F	Ö	N
S	C	H	R	O	T	T	K	R	A	N	F	H	Ä
W	E	N	D	S	C	V	J	Ö	P	Q	E	R	I
C	X	M	G	L	I	M	M	L	A	M	P	E	T

Wärmewirkung: *Toaster, Heizkissen, Heizlüfter* Magnetische Wirkung: *Schrottkran*

Leuchtwirkung: *Neonröhre, Glimmlampe, LED*

3 Untersuchung von Gegenständen auf ihre Leitfähigkeit

In einem Versuch sollen Stoffe, entsprechend der nebenstehenden Skizze, auf ihre elektrische Leitfähigkeit untersucht werden.

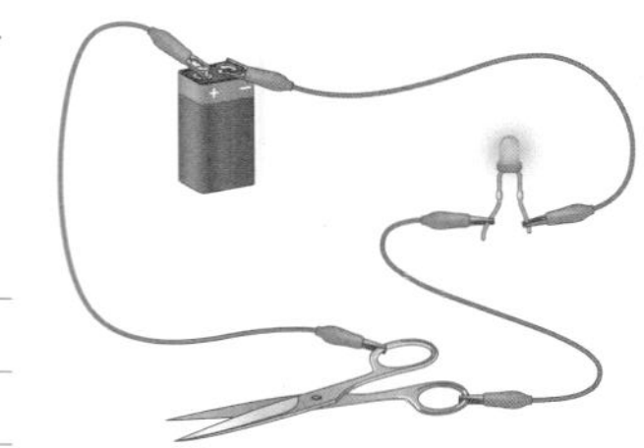

a ☐ Benenne die im Versuch benötigten Bauteile.

Blockbatterie, 3 Experimentierkabel; LED-Lämpchen, Testgegenstände

b ◩ Zeichne eine passende Schaltskizze in das nebenstehende Kästchen.

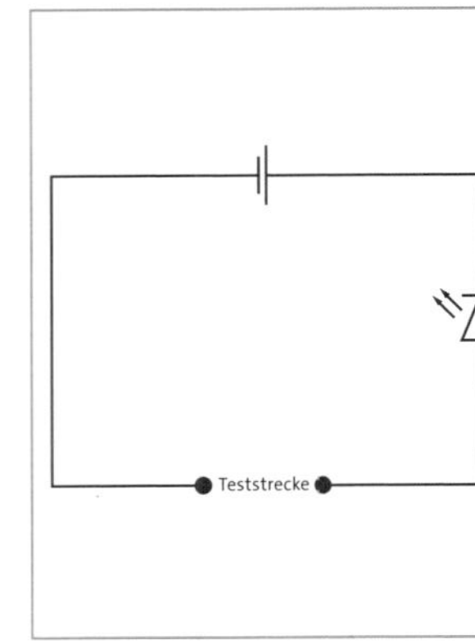

c ◩ Kreuze an, bei welchen Gegenständen die Lampe leuchten wird.

Untersuchter Gegenstand	Lampe leuchtet
Schere	X
Radiergummi	
Bleistiftmine	X
Alufolie	X
Kupfermünze	X
Glas mit Salzwasser	X
Glas mit Zuckerwasser	

d ■ Entscheide, ob es grundsätzlich möglich ist, dass die Lampe leuchtet, wenn der Stromkreis wie im nebenstehenden Bild geschlossen wird. Begründe deine Anwort.

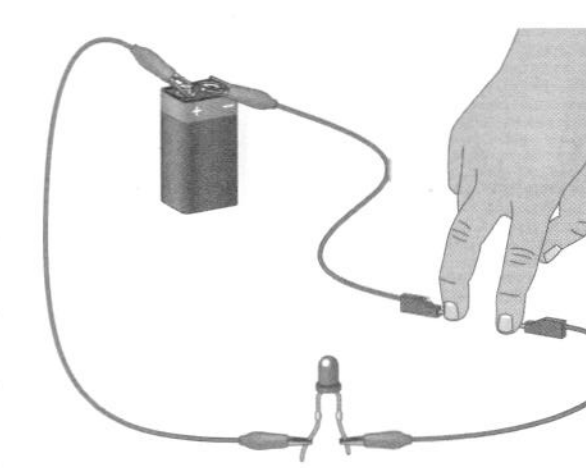

Die Lampe wird leuchten. Der menschliche Körper besteht zum großen Teil aus salzhaltigem Wasser. Aus diesem Grund leitet der menschliche Körper den elektrischen Strom.

4 Haartrockner in Hotels

■ Manche Hotels haben fest eingebaute Haartrockner im Bad. Die Kabel dieser Geräte sind so kurz, dass sie nicht bis zur Badewanne reichen. Begründe die Maßnahme aus physikalischer Sicht.

Durch die Maßnahme soll verhindert werden, dass sich Gäste in der Badewanne die Haare trocknen oder der Haartrockner in die gefüllte Badewanne fällt. Würde der Haartrockner feucht werden, bestünde die Gefahr eines tödlichen Stromschlags.

Prüfungsvorbereitung

1 Bauteile eines Stromkreises

☐ Benenne die Bauteile im abgebildeten Stromkreis.

1: *Elektrizitätsquelle*

2: *Experimentierkabel*

3: *Schalter*

4: *Glühlämpchen*

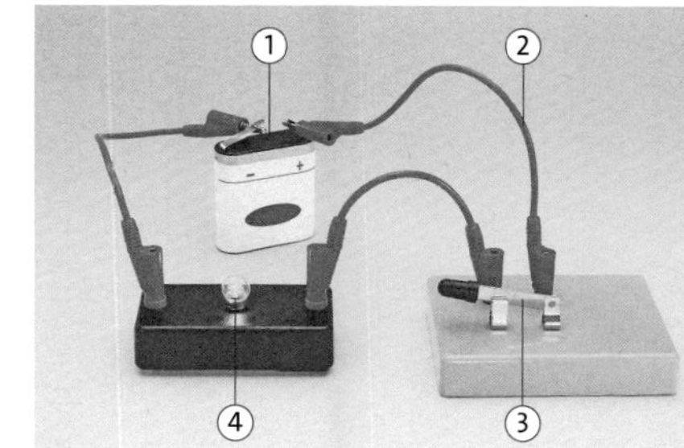

2 Lebensgefährliche Idee

Das nebenstehende Bild zeigt die Verkabelung von Herrn Lebensmüde für seinen Fernseher im Swimmingpool.

a ■ Erkläre, warum von dieser Situation eine tödliche Gefahr für Herrn Lebensmüde ausgeht und auf keinen Fall nachgemacht werden darf.

Da Wasser ein elektrischer Leiter ist, könnte ein Schwimmer Teil des Stromkreises werden. Hohe elektrische Spannungen sind lebensgefährlich.

b ◪ Beschreibe die Sicherheitseinrichtung, die ihn retten könnte.

Der Fehlerstromschutzschalter unterbricht den Stromkreis sobald der Mensch leitend mit dem Außenleiter verbunden ist und zum Teil des Haushaltsstromkreises wird.

3 Leiter oder Nichtleiter?

☐ Ordne folgende Stoffe in die Tabelle ein:

Eisen • Kupfer • Plastik • Graphit • Keramik • Holz • Sauerstoff • Salzwasser • Zuckerwasser • Blut.

Leiter	Nichtleiter
Eisen, Kupfer, Graphit, Salzwasser, Blut	*Plastik, Keramik, Holz, Sauerstoff, Zuckerwasser*

Arbeitsaufträge verstehen

Operator	Was du machen sollst:
Nenne **Gib an**	Notiere Begriffe oder gib Fakten in knapper Form wieder.
Beschreibe **Formuliere**	Gib einen Sachverhalt in ganzen Sätzen genau und ausführlich unter Verwendung der Fachsprache wieder.
Erkläre	Führe eine Funktionsweise oder einen Aufbau auf allgemeine Gesetze zurück oder beschreibe ein beobachtetes Phänomen in der Modellvorstellung.
Begründe	Gib Gründe oder Ursachen für einen Sachverhalt an.
Werte aus	Nutze die einem Versuch gewonnenen Messwerte, um durch eine Rechnung oder ein Diagramm ein Ergebnis zu erhalten.
Deute	Beschreibe was eine grafische Darstellung, eine Formel oder eine Angabe anschaulich bedeutet.
Ermittle **Bestimme**	Komme durch eine Rechnung, eine Zeichnung oder einen Versuch zu einem Ergebnis.
Berechne	Komme durch Rechnung auf ein Ergebnis. Stelle den Rechenweg dar.
Konstruiere **Zeichne**	Erstelle eine exakte und genaue Darstellung eines Sachverhalts.
Skizziere	Erstelle eine einfache und grobe Darstellung, die den Sachverhalt verständlich wiedergibt.
Vergleiche	Beschreibe Gemeinsamkeiten und Unterschiede und stelle sie übersichtlich zum Beispiel in einer Tabelle dar.
Recherchiere **Informiere dich**	Beschaffe Informationen zu einem Thema aus anderen Quellen.
Bewerte **Nimm Stellung**	Entscheide, ob du einer Aussage oder Maßnahme zustimmst oder nicht. Begründe deine Entscheidung mit den im Physikunterricht gewonnenen Erkenntnissen.